rowohlts monographien

HERAUSGEGEBEN
VON
KURT KUSENBERG

JOHANNES KEPLER

IN
SELBSTZEUGNISSEN
UND
BILDDOKUMENTEN

DARGESTELLT
VON
JOHANNES HEMLEBEN

ROWOHLT

Dieser Band wurde eigens für «rowohlts monographien» geschrieben
Den Anhang besorgte der Autor
Herausgeber: Kurt Kusenberg · Redaktion: Beate Möhring
Schlußredaktion: K. A. Eberle
Umschlagentwurf: Werner Rebhuhn
Vorderseite: Johannes Kepler. Gemälde nach dem Original im
Straßburger Thomas-Stift (Foto Deutsches Museum)
Rückseite: Keplers Entwurf zu den «Rudolphinischen Tafeln»
(Kepler-Museum, Regensburg)

IN MEMORIAM
GÜNTHER WACHSMUTH
(1893–1963)

Veröffentlicht im Rowohlt Taschenbuch Verlag GmbH,
Reinbek bei Hamburg, Dezember 1971

Gesetzt aus der Linotype-Aldus-Buchschrift
und der Palatino (D. Stempel AG)
Gesamtherstellung Clausen & Bosse, Leck/Schleswig
Satz Otto Gutfreund & Sohn, Darmstadt
Printed in Germany
ISBN 3 499 50183 X

INHALT

EINLEITUNG 7

KINDHEIT UND JUGEND 9

TÜBINGEN (1589–1594) 17

GRAZ (1594–1599) 23

KEPLER UND GALILEI 37

DIE GEGENREFORMATION WIRD AKTIV 40

IM AUFBRUCH NACH PRAG 42

DAS SCHICKSAL SPRICHT 47

DIE NEUE ASTRONOMIE 53

DIE LETZTEN JAHRE IN PRAG 68

LINZ (1612–1626) 73

KEPLERS EXKOMMUNIKATION 81

DIE HARMONIE DER WELT 84

Das fünfte Buch 96

DER HEXENPROZESS GEGEN KEPLERS MUTTER 101

DIE LETZTEN JAHRE IN LINZ 105

DAS LEBENSENDE 109

Ulm und Prag 109

Sagan 123

Die letzte Reise 130

DER TRAUM VOM MOND 134

SCHLUSSWORT 137

ANMERKUNGEN 140

ZEITTAFEL 143

ZEUGNISSE 145

BIBLIOGRAPHIE 148

NAMENREGISTER 154

ÜBER DEN AUTOR 157

QUELLENNACHWEIS DER ABBILDUNGEN 157

Johannes Kepler. Umstrittenes Bildnis, 1610

EINLEITUNG

An der Schwelle zur Neuzeit steht Nikolaus Kopernikus (1473 bis 1543). Sein entscheidendes Werk *De revolutionibus orbium coelestium* (*Über die Bewegungen der Himmels-Kreise*) erschien erst unmittelbar vor seinem Tod. Es brachte die Leugnung der Erde als Mittelpunkt des Weltalls und damit zugleich die Entthronung des mittelalterlichen Weltbildes.[1*]

Zunächst wurde diese neue Weltsicht vom Lehramt der Kirche mit Schweigen übergangen. Fünfzig Jahre später wurde Giordano Bruno um seines Bekenntnisses zu Kopernikus willen in die Gefängniszelle in Rom eingeliefert und nach sieben weiteren Jahren auf dem Scheiterhaufen (1600) verbrannt. Dann trat Galilei[2] auf den Plan. Er mußte seinen Einsatz für die neue Lehre mit erzwungenem Widerruf und lebenslangem Hausarrest bezahlen (1633).

Gleichzeitig aber hatte Rudolf II., dieser seltsame Okkultist auf dem römisch-deutschen Kaiserthron, die hervorragenden Astronomen Tycho Brahe und Johannes Kepler als Hof-Mathematiker nach Prag berufen. Sie waren die qualifizierten Vollender des Kopernikus-Werkes. Nur ein einziges Jahr, vom 19. Oktober 1600 bis zum 24. Oktober 1601, dem Todestage Tychos, war es beiden vergönnt, zusammen zu wirken. Doch dieses Jahr genügte, um Tychos Beobachtungsmaterial in die Hände des genialen Kepler gelangen zu lassen. Unausdenkbar, daß es anders gekommen wäre. Denn Tycho Brahe vermochte nicht aus der Summe seiner Wahrnehmungen die entsprechenden neuen Gedanken zu bilden. Der durch ein Augenleiden in der Kindheit kurzsichtige Kepler hingegen wäre weder physisch im Stande noch seiner Seelenhaltung nach bereit gewesen, Jahre seines Lebens an die tägliche pedantisch-exakte Sternen-Beobachtung hinzugeben. So aber war das Feld bereitet, daß auf Grund der Vorarbeit Tycho Brahes Kepler die drei Gesetze der Planetenumläufe finden konnte, die als mathematische Grundlage die Astronomie der Neuzeit erst möglich machten.

Dies alles ist bekannt. Weniger aber wurde vom Bewußtsein der Historiker die Tatsache aufgenommen, daß die Keplerschen Gesetze nur einen Teil dessen ausmachen, was Kepler als sein eigenes Weltbild ansah und in seinen Werken verkündete. Er schrieb nicht nur wissenschaftliche Bücher, deren Inhalt im wesentlichen neue Theorien und Hypothesen enthielten, sondern er fühlte sich als Herold einer neuen Weltschau berufen. *Mysterium Cosmographicum*[3] (d. h. *Das Weltgeheimnis*) lautet der Titel seines im Alter von 25 Jahren geschaffenen Erstlingswerkes. Es erschien 1596 und wurde 1621, also 25 Jahre später, unverändert von dem nun fünfzigjährigen Kepler mit zusätzlicher Widmung und vielen erläuternden Anmerkungen neu herausgegeben. *Harmonices mundi*[4] (d. h. *Die Weltharmonie*) nennt Kepler später das Meisterwerk, das seine Lebensarbeit zusam-

* Die hochgestellten Ziffern verweisen auf die Anmerkungen S. 140 f.

Weil der Stadt. Kupferstich, um 1740

menfaßte. Es erschien 1619 zu Linz und enthält die Quintessenz des «ganzen Kepler». Wer Johannes Kepler gerecht würdigen will, muß wissen, daß es ihm zeit seines Lebens um die Ergründung des Weltgeheimnisses und um das Bewußtwerden der Weltharmonie ging, nicht aber nur um Erfassung abstrakter mathematischer Gesetze. Das aber ist die Unterlassungssünde mancher Historiker der Naturwissenschaft: die sogenannten Keplerschen drei Gesetze wurden als mathematische Ausgangsthesen zur Erforschung der Planetenbewegungen akzeptiert, variiert, ausgebaut und entsprechend Keplers Bedeutung für den «Fortschritt» der Naturwissenschaft anerkannt. Den «eigentlichen Kepler», der ergriffen war von dem Geheimnis der Welt und ihren Harmonien und der überzeugt war, den Schlüssel zu Geist und Seele von Welt, Erde und Mensch gefunden zu haben, diesen Kepler hat man oft außer acht gelassen.

Dabei war nirgends böser Wille im Spiel. Es war der Sog einer Bewußtseinsentwicklung, der dieses bewirkte. Es ist der gleiche materialistische Trend, der Isaac Newton (1643–1727) zu einem intellektuellen Weltfaktor ersten Ranges werden und über die lebenslangen Bemühungen Goethes um eine geistige Naturerfahrung und Forschung mehr oder weniger geringschätzig hinwegsehen ließ. Das zunehmende Interesse für alles, was Materie ist oder in Materie eingehüllt ist, drängte alle Fragen nach Seelen- und Geisteswelten in den Hintergrund. Darum charakterisiert Carl Friedrich von Weizsäcker zutreffend den Stand der Gegenwart: «Aber der Schlüssel, den wir verloren haben, ist gerade der Schlüssel zum Wesen des Menschen.»[5] Johannes Kepler suchte diesen Schlüssel bereits um die Wende des 16. zum 17. Jahrhundert. Er war durchdrungen davon, daß der Weg zum verlorenen Menschengeheimnis über die Entschlüsselung des *Weltgeheimnisses* führen müsse. Sein gesamtes Lebenswerk ist hierfür ein wesentlicher Beitrag. Es ist an der Zeit, daß dies vierhundert Jahre nach seiner Geburt von denen, die sich für den Fortgang der Menschheitsgeschichte mitverantwortlich fühlen dürfen und müssen, verstanden wird. Denn es geht nicht um eine «Ehrenrettung» Keplers. Dessen bedarf er nicht. Es geht um die Einsicht in die Gründe, warum wir uns heute in einem geistigen Vakuum befinden. Vielleicht wird darüber hinaus die ernsthafte Beschäftigung mit Leben und Werk von Johannes Kepler dem Auswegsuchenden auch Ausblicke auf Zukunftswege eröffnen.[6]

KINDHEIT UND JUGEND

Johannes Kepler wurde am Tage des Evangelisten Johannes, am 27. Dezember des Jahres 1571 nachmittags 2 Uhr 30 in der schwäbischen Reichsstadt Weil der Stadt geboren. Seine Eltern waren Lutheraner. Die übrige Bevölkerung von Weil hielt sich damals noch überwiegend zum katholischen Glauben, daher hatte die Stadt keinen evangelischen Pfarrer und keine evangelische Kirche. Lange Zeit nahm man darum an, daß das neugeborene Kind in dem benachbarten Ort Magstatt getauft wurde. Diese Vermutung lag nahe, weil der dortige protestantische Pfarrer Jacob Broll ein Verwandter der Familie Kepler war.[7] In neuerer Zeit neigt man mehr zu der Annahme, daß die Taufe doch in Weil der Stadt und somit nach dem römisch-katholischen Ritus vollzogen wurde. Zur Begründung dieser Auffassung wird ein Brief von Johannes Kepler herangezogen, den dieser 1628 an den Jesuitenpater Paul Guldin richtete. Darin heißt es: *... der ich unverzüglich an der Schwelle des Lebens von den Eltern in die katholische Kirche gebracht, mit dem heiligen Wasser besprengt und in ihm mit dem Geist der Gotteskindschaft beschenkt wurde.* Das k a n n bedeuten, Kepler wurde katholisch – im heute üblichen Sprachsinn – getauft, doch ist es nicht zwingend. Denn Kepler zog es vor, das Wort «katholisch» im Sinne seiner Bedeutung «allumfassend» zu brauchen. So schreibt er wenige Zeilen später in dem Brief an Guldin: *Deshalb mein bester Freund: ich bleibe in der katholischen Kirche.* Hier verwendet er das Wort «katholisch» eindeutig im Sinne von allumfassend, das heißt jenseits aller konfessionellen Schranken stehend, in einem Zusammenhang, in dem er es weit von sich weist, Konvertit zu werden. Unser Interesse weckt dieser «Taufstreit» insofern, als er darauf hinweist, daß das christ-

Wappen der Familie Kepler. Feder und Tempera, 1463

liche Konfessionsproblem von Geburt an Keplers Leben begleitet.

Der Vater, Heinrich Kepler (geb. am 19. Januar 1547), entstammte einer Nürnberger Familie, die aus uns unbekannten Gründen um 1522 ihren Wohnsitz nach Weil der Stadt verlegte. Ururgroßvater, Urgroßvater und Großvater von Johannes Kepler trugen alle den gleichen Namen Sebald, nach dem Schutzpatron der Reichsstadt Nürnberg, dem heiligen Sebaldus.

Johannes Kepler hatte keine allzu große Meinung von seinen unmittelbaren Vorfahren. Mit 25 Jahren zeichnet er kurze Charakterskizzen seiner Großeltern und Eltern. So berichtet er vom Großvater: *Er war freilich jähzornig, starrköpfig, seine Miene verriet Sinnlich-*

keit. Das Gesicht war rot und ziemlich fleischig; der Bart verlieh ihm ein gewichtiges Aussehen.

Mit anderen Worten: für Kinder eine Gestalt zum Fürchten. Nicht viel anders muß es mit der Großmutter gewesen sein. Als Catharina Müller war sie am 19. November 1522 in Marbach geboren und mit achtzehn Jahren, am 9. April 1540, mit Sebald Kepler (21) vermählt worden. Nach Johannes Keplers Beschreibung war sie *sehr unruhig, gescheit, lügnerisch, aber eifrig in religiösen Dingen, schlank, von hitziger Natur, lebhaft, ewige Verursacherin von Verwirrungen, neidisch, gehässig, heftig, nachtragend.*

Man spürt aus dieser Porträtschilderung die Bitterkeit, mit der Kepler auf seine Großeltern zurückblickt – bestimmten diese doch fast mehr als die eigenen Eltern die Atmosphäre seines ersten Lebensabschnitts. Aus der Ehe von Sebald und Catharina Kepler sind zwölf Kinder hervorgegangen. Heinrich, der Vater von Johannes, war das vierte.

Am 15. Mai 1571 heiratete Heinrich Kepler in Eltingen, einem Dorf bei Leonberg, die Tochter des Wirts Melchior Guldemann (1514 bis 1601), Katharina Guldemann (geb. am 8. November 1547 in Eltingen, die Mutter von Johannes Kepler. Auch diese Ehe war fruchtbar. Sieben Kinder wurden geboren, als erstes das Siebenmonats-Kind Johannes Kepler am 27. Dezember 1571. Die Jungvermählten blieben zunächst im Haus der Großeltern. Und damit nahm das Unglück seinen Anfang.

Das Haus stand am Marktplatz zu Weil der Stadt an der gleichen Stelle wie das heutige «Kepler-Haus». Der ursprüngliche Bau wurde Ende 1648 durch den sogenannten «Franzosenbrand» zerstört, dem gleichzeitig ein Großteil von Weil der Stadt zum Opfer fiel. Wenn man so will: auf Grund eines zeitlichen Mißverständnisses. Denn der Dreißigjährige Krieg war bereits am 24. Oktober 1648 durch den Westfälischen Frieden beendet worden. Doch die Kunde davon hatte die französischen Truppen noch nicht erreicht. So übten sie weiter ihr gewohntes Metier aus und brandschatzten die wehrlose Stadt Weil so gründlich, daß nur ein Trümmerhaufen zurückblieb.

Es darf angenommen werden, daß das nach dem Brand errichtete Wohnhaus weitgehend nach dem Vorbild des vernichteten ursprünglichen Familienhauses, wohl unter Verwendung der alten Grundmauern, wiederaufgebaut wurde.

Auch von seinen eigenen Eltern hatte Johannes Kepler keine hohe Meinung. In der ihm geläufigen Horoskopsprache sagt er von seinem Vater, daß er *Saturn im Gedrittschein zum Mars habe, der aus ihm einen lasterhaften, schroffen und händelsüchtigen Menschen gemacht habe* [8]. Das letzte ist sogar urkundlich bestätigt, insofern Heinrich Kepler wegen einer Schlägerei in jungen Jahren mit einer Geldstrafe belegt wurde. Ob der Vater ein Handwerk erlernt hat, wissen wir nicht.

Seine Mutter kam in der Beschreibung ihres Sohnes nicht besser weg. *Sie ist klein, mager, dunkelfarbig, schwatzhaft, streitsüchtig und von unguter Art gewesen.* Dieses negative Bild, das Kepler von seiner Mutter in sich trug, hinderte ihn aber nicht, ihr in den schweren Jahren ihres Lebens, da sie als «Hexe» verfolgt wurde, nach Kräften beizustehen.

Unschwer kann man verstehen, daß es in dem «Kepler-Haus» am Marktplatz um den Familienfrieden schlecht bestellt war. Zwei Familien auf engstem Raum, deren männliche Oberhäupter *jähzornig* und *händelsüchtig,* deren Hausfrauen *gehässig* und *streitsüchtig* waren. Es nimmt darum nicht wunder, daß der wenig seßhaft veranlagte Vater bald das Weite suchte. Vielleicht war Heinrich Kepler schon nicht mehr in Weil, als ihm seine Frau einen zweiten Sohn, wie der Vater Heinrich genannt, am 12. Juni 1573 gebar. Die Disharmonie zu Hause und die eigene Unruhe werden ihn fortgetrieben haben. Er verfiel den Verlockungen der Werber des Herzogs Alba, trat in dessen Armee ein und kämpfte als Söldner – obwohl Protestant – auf seiten der Katholiken in Belgien gegen die calvinistischen Protestanten der Niederlande. Der Zeitpunkt ist nicht genau verbürgt. Auf jeden Fall gehörte er 1574 zu den belgischen Truppen des Herzogs von Toledo, gen. Alba (1508–82), der als Oberbefehlshaber des kaiserlichen Heeres und als «Statthalter der Niederlande» sein grausames Regiment führte.

Es wird berichtet, daß bald nachdem der Vater die Familie verlassen hatte, Mutter Katharina an der Pest erkrankte – und sie überstand. Dies spricht für die ungemein zähe Natur, die ihr später auch die Durchhaltekraft im «Hexenprozeß» gab. Unbegreiflich erscheint es, daß sie nun ihre beiden hilflosen Kleinkinder der von ihr keineswegs geliebten Schwiegermutter übergab und sich auf den Weg machte, das Kriegs- und Wanderleben mit ihrem Mann zu teilen.

Kaum waren beide Eltern in der Ferne, erkrankte der Knabe Johannes an den Blattern. Trotz seiner konstitutionellen Schwäche überstand er die gefährliche Seuche, doch behielt er lebenslang ein ihn schwer belastendes Augenleiden zurück. Der spätere Inaugurator der auf Optik gründenden Astronomie mußte als «Kurzsichtiger» sein Erdenleben durchstehen! Carola Baumgardt[9] erinnert an Beethoven, bei dem gleichfalls dasjenige Organ betroffen war, «das er für die Erfüllung seiner großen Berufung am dringlichsten brauchte».

1576 kehrten beide Eltern zurück. Der Vater verzichtete aus uns unbekannten Gründen auf sein Bürgerrecht in Weil und kaufte ein Haus in dem unweit gelegenen Leonberg, das ähnlich wie das großelterliche Haus in Weil unmittelbar am zentralen Marktplatz lag. Dorthin siedelte nun die vierköpfige Familie über. Doch das Familienglück währte nicht lange. Schon im nächsten Jahr trieb den Vater die Unruhe abermals in die Ferne, und wieder finden wir ihn als Söldner im spanischen Heer. Diesmal soll er in größte Lebensgefahr geraten und nur mit größter Mühe dem schimpflichen Tod am Galgen entgangen sein.

In Leonberg verbrachte Johannes die Zeit vom vierten bis zum achten Lebensjahr, besuchte als Anfänger die Volksschule und spä-

Keplers Geburtshaus in Weil der Stadt

testens von 1578 an die Lateinschule. In dieser Leonberger Zeit hatte er auch ein Erlebnis, über das er später berichtete, das sich seiner aufnahmefähigen Seele offenbar tief einprägte. Die Mutter führte ihn an einem Abend auf einen Hügel, von dem sie den großen Kometen des Jahres 1577 sehen konnten. Ein erster Sternen-Gruß aus der zukünftigen Welt des Johannes Kepler!

In diese Jahre fallen die Geburten von zwei weiteren Geschwistern: Sebald, geb. am 20. Mai 1577, und Johann Friedrich, geb. am 24. Juni 1579 – doch sind beide frühzeitig gestorben. Die Todesdaten sind unbekannt.

Als der Vater um 1579 endlich zurückkehrte, hatte er durch eine

Bürgschaft sein Vermögen verloren. Er mußte das Leonberger Haus verkaufen und pachtete 1580 in Ellmendingen bei Pforzheim das «Gasthaus zur Sonne». So wenig Johannes Grund hatte, seinen Vater zu verehren und zu lieben, so erinnert er sich doch später gerne daran, daß der Vater ihn eines Nachts mit ins Freie nahm und ihn zum erstenmal eine Mondfinsternis mit eigenen Augen sehen ließ.

Doch auch Ellmendingen hielt Heinrich Kepler nicht lange. Schon 1583 finden wir die kleine Familie wieder in Leonberg. Am 17. Mai dieses Jahres gelang dem Knaben trotz der chaotischen Familienverhältnisse, die seine Kindheit so oft belasteten, der entscheidende Schritt: er bestand als Abschluß der Leonberger Lateinschule das sogenannte Landesexamen in Stuttgart (17. Mai 1583). Damit war der Weg frei für den noch nicht Zwölfjährigen, um aus der Misere des Elternhauses den Weg zur geistigen Entfaltung an einer höheren Schule, einer Klosterschule zu finden – der notwendigen Brücke zur Universität.

Dieser kurze Überblick über Keplers Kindheit und Jugend macht wohl deutlich, daß Johannes Kepler das, was er wurde, in erster Linie nicht seiner Umwelt und auch nicht seinen Ahnen verdankte. Trotz der disharmonischen Familienverhältnisse und aller erblichen Belastungen bildete sich eine der bedeutendsten Persönlichkeiten der Neuzeit heran. Es ist, als ob die «Harmonien der Welt» vor der Familie Kepler haltmachten und in Disharmonien umschlugen. Jedenfalls ist Wesen und Leben Johannes Keplers ein eindeutiger Beweis, daß die so beliebte Formel: «Der Mensch ist das Produkt von Vererbung und Milieu», keine allgemeine Gültigkeit besitzt. Das Genie des Johannes Kepler ist weder aus dem schwäbischen Milieu seiner Kindheit und Jugend noch aus dem Erbgut seiner Eltern ableitbar. Fast anderthalb Jahre mußte Johannes warten, bis er im Herbst 1584 (am 16. Oktober) in die Klosterschule Adelberg eintreten durfte. In der Zwischenzeit mußte er zu seinem Leidwesen den Eltern im Hause und auf dem Felde zur Hand gehen. Solch praktisches Zugreifen lag dem schon jetzt an Religions- und Erkenntnisfragen interessierten Knaben wenig. Für ihn waren es *schmutzige* Hantierungen. Der zarten leiblichen Konstitution des Siebenmonats-Kindes werden diese körperlichen Tätigkeiten dennoch nicht geschadet haben.

Die Klosterschule zu Adelberg befand sich in einem ehemaligen Prämonstratenserkloster, unweit des Hohenstaufen zwischen Schorndorf und Göppingen gelegen. Nach dem Sieg der Reformation wurde das Mönchskloster in eine sogenannte Grammatisten-Klosterschule umgewandelt. Zwei Jahre, Herbst 1584 bis Herbst 1586, blieb Johannes Kepler hier als Zögling. Dann, am 26. November 1586, wechselte er in das evangelische Seminar zu Maulbronn über, das in einem ehemaligen Zisterzienserkloster Heimstätte gefunden hatte. Wieder zwei Jahre später begab Kepler sich, der Landessitte entsprechend, nach Tübingen und erlangte dort als nun fast Siebzehnjähriger am 25. September 1588 nach gut bestandenem Examen den untersten akademischen Grad als Bakkalaureus.

Leonberg. Federzeichnung

Die Lateinschule in Leonberg

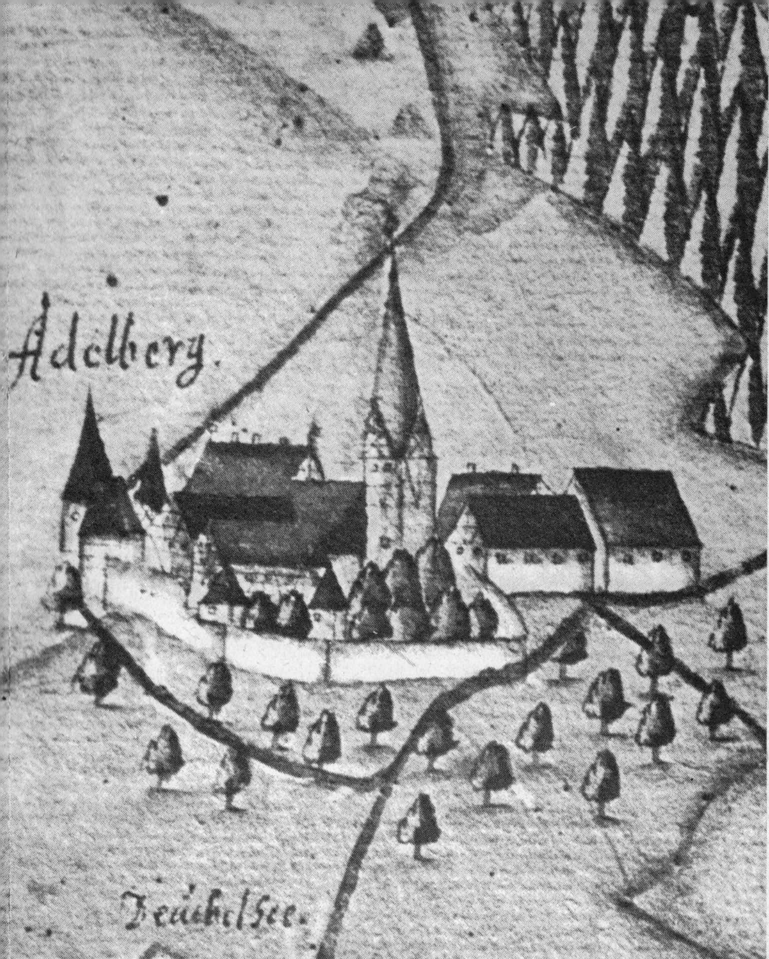

Kloster Adelberg. Aus einer Forstkarte

Das Internatsleben muß dem jungen Kepler sehr zugesetzt haben. Die Zucht war streng, die hygienischen Verhältnisse äußerst primitiv. Während der zwei Jahre 1585 und 1586 *wurde ich ständig von Schäden der Haut geplagt, ich hatte oft hartnäckige Geschwüre und durch falsche Mittel erneut aufbrechende Wunden an den Füßen* [10]. Mehr noch als diese körperlichen Beschwerden machte ihm das Verhältnis zu seinen Mitschülern zu schaffen. Zutiefst litt er unter den ständigen Intrigen und dem rivalisierenden Verhalten der Knaben untereinander: *1586 habe ich Hartes erduldet und wäre von Sorgen fast verzehrt worden. Ursache war die Bosheit und der Haß meiner Mitschüler, die ich, von Angst getrieben, verraten hatte.* Sowohl in Adelberg wie in Maulbronn, ja sogar als «Stiftler» in Tübingen war er vielfach solchen unguten, oft aus Neid auf seine Überlegenheit geborenen Reaktionen ausgesetzt.

TÜBINGEN

(1589–1594)

Nach dem bestandenen Bakkalaureats-Examen (1588) blieb Kepler noch ein Jahr in Maulbronn. Am 17. September 1589 wurde er an der Tübinger Universität immatrikuliert und gleichzeitig in das «Tübinger Stift» aufgenommen, aus dem in der Folgezeit so hervorragende Männer wie Hölderlin, Hegel, Schelling und andere hervorgegangen sind. Sie alle haben wie Kepler mit dem Theologie-Studium begonnen, sich aber dann anderen Geistesgebieten zugewandt.

Die Universität Tübingen ist eine Schöpfung des Grafen Eberhard I. im Bart (1445–96): «So haben wir in der guten Meinung helfen zu graben den Brunnen des Lebens, daraus von allen Enden der Welt unabsehbar geschöpft mag werden, tröstliche und heilsame Weisheit zur Erlöschung verderblichen Feuers menschlicher Unvernunft und Blindheit uns auserwählt und fürgenommen eine Univer-

Maulbronn. Südostecke des Kreuzganges

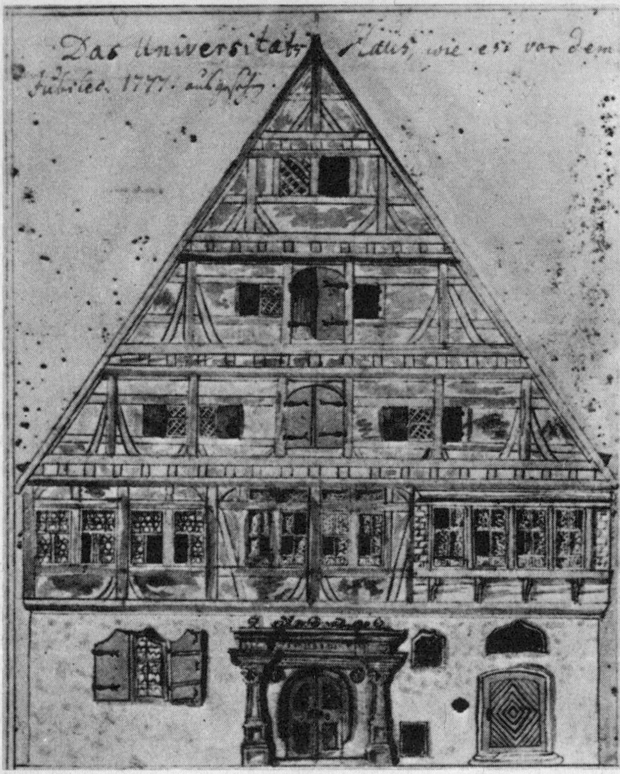

Die Universität Tübingen. Zeichnung, 1776

sität in unserer Stadt Tübingen zu stiften und aufzurichten.» Diese Worte aus dem «Freiheitsbriefe», den Graf Eberhard der Universität ausstellte, verraten etwas von der Begeisterung, die zu den Hochschulgründungen im 16. Jahrhundert führte. Der «Universitas-Impuls» hat sich in der Folgezeit als außerordentlich wirksam erwiesen und wesentlich zu dem beigetragen, was später zu der reifen Frucht des «Deutschen Idealismus» führte. Der Anteil Tübingens hieran ist kein geringer. Wenn auch heute die Namen von vielen für ihre Zeit hervorragenden Gelehrten in Vergessenheit geraten sind – die Ausstrahlungskraft dieser zentralen schwäbischen Universität war bedeutend. Hier lebte der greise Johannes Reuchlin (1455–1522), lehrte der jugendliche Philipp Melanchthon (1497–1560), bevor er 1518 nach Wittenberg übersiedelte, der Anatom und Botaniker Leonhart Fuchs (1501–66) und viele andere.

Zur Zeit des Kopernikus wurde 1511 der berühmte Astronom und Mathematiker Johann Stöffler (1452–1531) nach Tübingen berufen. Er gab seinen Schülern Reinhold, Schöner, Melanchthon, Rheticus und anderen entscheidende Anregungen.

Durch die Reformation wurde Tübingen zu einem Brennpunkt der theologischen Kämpfe innerhalb des Protestantismus. Lutheraner und Anhänger Zwinglis und Calvins rangen miteinander. Ein Jahr lang lehrte auch der gleich Kepler in Weil der Stadt geborene Reformator Württembergs, Johannes Brenz (1499–1570), in Tübingen, dann Erhard Schnepf, Jakob Andreä und andere. In der zweiten Hälfte des 16. Jahrhunderts gewannen die Vertreter der strengen Orthodoxie des Luthertums die Oberhand. Johannes Kepler bekam es ein Leben lang zu spüren.

Das «Tübinger Stift» war 1548 in einem von den Mönchen verlassenen Augustinerkloster eingerichtet worden. Es wurde durch Jahrhunderte zu der zentralen, mit Stipendien versehenen Bildungsstätte für Pfarrer und Lehrer des Landes Württemberg und darüber hinaus für bedrohte Positionen des Protestantismus im «Auslande». In der Regel hatte der «Stiftler» zwei Jahre die Kollegs der Artistenfakultät zu besuchen und dieses Erst-Studium mit dem Magister-Examen abzuschließen. Es folgten dann drei weitere Jahre Theologie-Studium, die auf den geistlichen Beruf vorbereiteten.

Kepler gehörte zu den Bedürftigen, die vom Elternhaus so gut wie

Das Tübinger Stift. Federzeichnung von Eduard Mörike

Michael Mästlin

keine Unterstützung empfingen. So war er auf ein Stipendium angewiesen. Bald aber entdeckten seine Lehrer die überdurchschnittliche Begabung. Der Tübinger Senat befürwortete die Erneuerung eines Stipendiums mit der Begründung, Johannes Kepler sei «dermaßen eines vortrefflichen und herrlichen Ingenii, daß seinethalben etwas Absonderliches zu hoffen».

Schon in den ersten zwei Jahren seines Studiums erhielt er die für sein Leben entscheidende Richtung. In der Gestalt des ehrwürdigen, gütigen Professors für Mathematik und Astronomie, Michael Mästlin aus Göppingen (1550–1631), trat ihm ein sein Schicksal wesentlich bestimmender Mensch entgegen.

Hier im Unterricht Mästlins begegnete Kepler der kopernikanischen Lehre. Mästlin blieb stets vorsichtig, vermied die öffentliche Provokation, teilte jedoch seinen Schülern den Kopernikanismus als eine Denkmöglichkeit mit. Bei aller Verschiedenheit von Lehrer und Schüler hegte Kepler für ihn lebenslang tiefe Verehrung und Dankbarkeit. Mästlin war in den Augen Keplers – dieses Bild braucht er selbst – *der lebendige Quell des Stromes, der seine Felder bewässerte.*

Doch noch dachte Kepler nicht daran, sich der Astronomie zu verschreiben. Sein Ziel war das Pfarramt, und dafür absolvierte er, wie es verlangt wurde, zunächst zwei Jahre Grund-Studium und anschließend drei Jahre Theologie: *Sobald ich meinem Alter entsprechend die Süßigkeit der Philosophie kosten konnte, habe ich sie als Ganzes mit ungeheurer Begierde erfaßt, ohne mich im besonderen um die Astronomie zu bekümmern. Das Talent hierfür war zwar vorhanden, und ich verstand unschwer den durch die Schulordnung gebotenen Stoff aus Geometrie und Astronomie, gestützt auf Figuren, Zahlen und Verhältnisse. Aber das waren pflichtmäßige Studien, nichts, was eine ganz besondere Neigung zur Astronomie bekundet hätte.* So sieht Kepler es später in der Rückschau. Zudem sah er in den Tübinger Jahren keine andere Zukunftsperspektive für sich, als nach Absolvierung des Theologie-Studiums das Amt eines Geistlichen zu übernehmen. Das war für ihn Herzensneigung und kein Streben nach bürgerlicher Versorgung. In Wahrheit blieb Johannes Kepler diesem Gesetz, nach dem er angetreten, lebenslang treu.

Daneben wurde fast unmerklich der Astronom in ihm geweckt: *In Tübingen habe ich häufig in den physikalischen Disputationen der Kandidaten die Lehren des Kopernikus verteidigt und eine sorgfältige Disputation über die erste Bewegung, welche die Umwälzung der Erde bewirkt, geschrieben. Ich war schon so weit, daß ich der Erde die Bewegung der Sonne aus physikalischen oder, wenn man so will, metaphysischen Gründen zuschrieb.*

Und doch lag ihm der Gedanke, den Beruf eines Mathematikers und Astronomen zu ergreifen, zu diesem Zeitpunkt noch fern. Ein anderer Lehrer Keplers in Tübingen war der Altphilologe Martin Crusius (1526–1607). In geradezu vollkommener Weise beherrschte Crusius die griechische Sprache. Ihm wird Kepler zu verdanken haben, daß er die Quellen über Pythagoras, als dessen wahrer Schüler im Geiste er sich fühlte, und auch Plutarch, die Vorsokratiker und andere im Urtext selbständig lesen und aufnehmen konnte. So wissen wir auch, daß er die «Physik» und die «Analytica posteriora» des Aristoteles wie platonische und neuplatonische Werke gründlich studiert hat.

Weitere Quellen, aus denen der Student Kepler schöpfte, waren die Schriften des Nicolaus Cusanus, den er *den göttlichen* (*divus*) nannte, und die «Exoterischen Übungen» des Julius Caesar Scaliger (1484–1558). Der Kusaner half ihm, sichere Fundamente für sein eigenes Werk zu legen. Dem Scaliger verdankt er nach seinen eigenen Worten alle möglichen Anregungen über Himmel und Erde, Geister und Seelen, die Elemente, die Natur des Feuers, den Ursprung der Quellen usw.

Am 10. August 1591 bestand er als zweiter unter vierzehn Kandidaten das Magister-Examen.

Unter den Theologie-Professoren war es vor allem Matthias Hafenreffer (1561–1619), zu dem sich Kepler hingezogen fühlte. Menschlich blieben die beiden bis zum frühen Tod Hafenreffers eng verbunden, sachlich zeigte sich bald, daß der orthodox gebundene

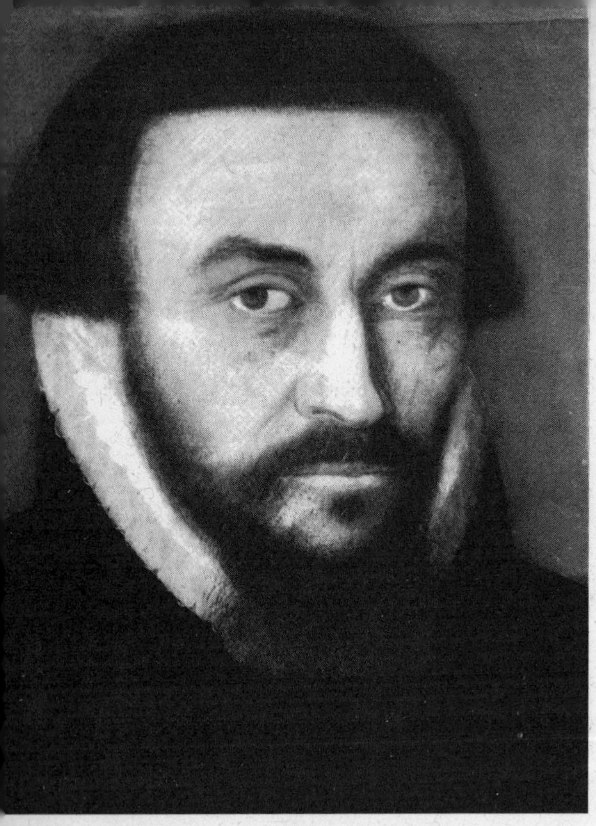

Matthias Hafenreffer. Anonymes Bildnis

Lehrer dem auf eigenen Erkenntniswegen suchenden Schüler nicht folgen konnte und wollte.

Der Kampf zwischen Lutheranern und Calvinisten beherrschte zur Zeit des Theologie-Studiums Keplers die Gemüter der Theologen. Oft wurde zwischen diesen beiden reformatorischen Richtungen erbittert gestritten. Der gemeinsame Feind, die römische Kirche, trat zeitweise völlig in den Hintergrund. Das Tridentiner Konzil (1545–63) hatte getagt, die Gegenreformation sich schon formiert. Die Lutheraner hatten durch den Augsburger Religionsfrieden (1555) staatliche Anerkennung erlangt, die Zwinglianer und Calvinisten mußten diesen Schutz entbehren. Das Christentum, das die Botschaft vom göttlichen Frieden über die Erde zu verbreiten als Aufgabe übernommen hatte, war zu einem einzigen internen Kampffeld geworden. Der Dreißigjährige Krieg, der 1618 zum Ausbruch kam, hatte im Gedankenbereich schon begonnen. Dies erlebte der junge Kepler als schmerzlich: *Ich glaube, daß Gott Völker nicht einfach verdammen wird, weil sie nicht an Christus glauben. Daher rate ich zum Frieden zwischen Lutheranern und Calvinisten, ich bin gerecht gegen die Päpstlichen und empfehle ihnen allen Gerechtigkeit.*

Eine große Rolle spielte vor allem in Württemberg die unter Mitwirkung der Tübinger Theologen von Jakob Andreä verfaßte Konkordienformel (1577), die als Bekenntnisschrift der lutherischen Kirche dienen sollte. Wer ein kirchliches Amt übernehmen wollte, mußte diese Formel anerkennen und unterschreiben. Da der Text im strengen Geiste des Luthertums geschrieben war, stieß sie die freiheitlich denkenden Geister ab. Sie unterschrieben nicht und blieben damit vom Amt ausgeschlossen. Zu ihnen gehörte Kepler: *Nicht Haarspalterei, sondern brüderliche Liebe läßt es bei mir nicht zu, die zu verdammen, die sich an die alten Lehren halten, und ich will ihnen lieber folgen als der Konkordienformel . . .*

So hat Johannes Kepler schon als Student das unchristliche Theologengezänk bis zum Überdruß kennengelernt. Es war seiner Seele zuwider. Sein Streben galt von Jugend auf der Überwindung der Disharmonien unter den Menschen durch Auffindung der aller Schöpfung zugrunde liegenden Harmonien der Welt – durch Erkenntnis derselben, durch denkende Anschauungskraft. In diesem Bemühen stand er einsam in seiner Zeit und wurde auch – trotz vielfacher Anerkennung – bis ins 20. Jahrhundert nur von wenigen verstanden.

GRAZ

(1594–1599)

Noch bevor Johannes Kepler seine theologischen Studien zu einem vorläufigen Abschluß gebracht hatte, erhielt er ein Angebot aus Graz, als Professor für Mathematik an das dortige Gymnasium zu gehen und zugleich die Stelle eines Landschaftsmathematikus der Steiermark zu übernehmen. Die Grazer Protestanten standen damals auf einem gefährdeten Vorposten im Kampf gegen die Gegenreformation. Ihnen mußte daran gelegen sein, alle wichtigen Stellungen mit qualifizierten Persönlichkeiten zu besetzen. So wandten sie sich nach Tübingen als der Hochburg des glaubensstrengen Luthertums mit der Bitte, an Stelle des verstorbenen Mathematiklehrers Georg Stadius einen geeigneten Nachfolger zu entsenden. Die Wahl des Tübinger Senats, sicherlich nach Vorschlag Mästlins, fiel auf Johannes Kepler. Wir wissen nicht sicher, mit welchen zwiespältigen Empfindungen er auf diesen Plan reagierte. Daß die Annahme eine Lebensentscheidung bedeuten würde, wird er zweifellos sofort erkannt haben. Damals galt ein Kirchenamt mehr als das Lehramt an einer Knabenschule. Auch mag er das Mißtrauen gegen seine eigene theologische Sattelfestigkeit gespürt haben, das sich hinter der spontanen Senatszustimmung zu seiner Berufung nach Graz verbarg. Wie dem auch sei – Kepler nahm an. Herder meint im Rückblick auf die Übersiedlung Keplers nach Graz, daß dieser «vielleicht Theologe geworden wäre, wenn ihn nicht Befehl und Druck weitergestoßen hätten».

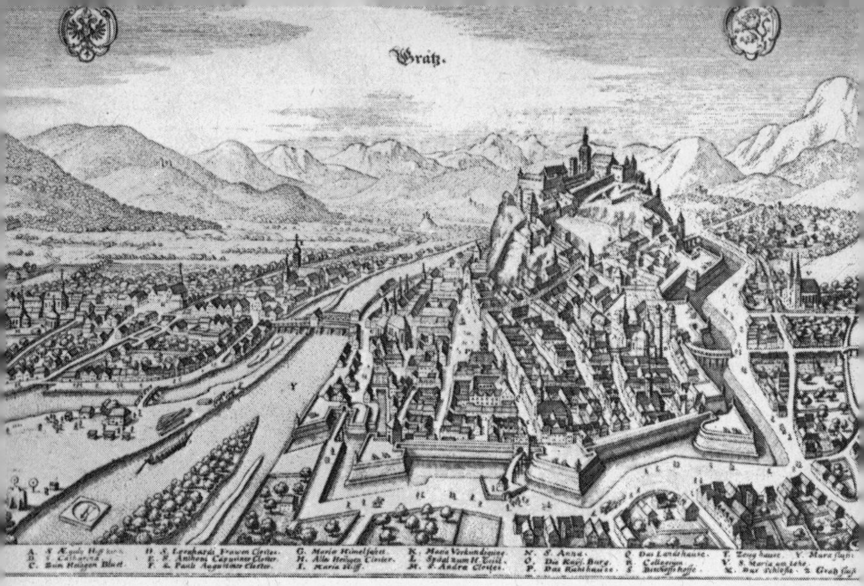

Graz. Stich, Anfang 17. Jahrhundert

Das Jesuitenkolleg und die Universität (rechts) in Graz

Am 24. März 1594 verläßt Kepler Tübingen endgültig, auf immer. Seine Hoffnung, als Professor einst wieder an die Universität zurückkehren zu können, hat sich nie erfüllt.

Seine Straße führt ihn über München und Salzburg. Schon an Württembergs Grenze muß er nicht nur das Land, sondern auch den Kalender wechseln und verliert dabei zehn Tage. Österreich und Bayern hatten schon auf die neue Kalenderordnung umgestellt, Württemberg hielt noch an der alten fest, mußte dann aber später widerwillig nachziehen.

In bezug auf die Religionsstreitigkeiten kam Kepler durch seine Umsiedlung von Tübingen nach Graz vom Regen in die Traufe. In Tübingen ging es im Grunde nur um ein internes Für und Wider innerhalb des Luthertums. Jetzt – in Graz – war er an einen Brennpunkt der voranschreitenden Gegenreformation geraten. Der Erzherzog Karl hatte 1573 die Jesuiten, die Avantgarde der Gegenreformation, in die Steiermark gerufen und ihnen in Graz ein großes Kollegiengebäude zur Verfügung gestellt. Sofort entstanden unter ihrer klugen Regie eine Lateinschule, 1576 ein Konvikt für Priester-Nachwuchs und 1586, vom Papst bestätigt, eine Universität mit philosophischer und theologischer Fakultät. Demgegenüber hatte die protestantische «Stiftsschule», 1574 begründet, an die nun Kepler berufen war, keinen leichten Stand.

Kepler hatte auf der Oberstufe Mathematik, verbunden mit Astronomie, zu geben. Doch war dieses Fach für die Schüler wahlfrei. So kam es, daß Kepler nur einen kleinen Kreis von Hörern hatte, der zeitweise auf Null zusammenschrumpfte. Statt dessen übertrug man ihm einige Stunden Unterricht über Vergil und Rhetorik. Der große Vorteil dieser nicht genügenden Auslastung war die reichliche Freizeit, die er für eigene Arbeit kräftig nutzte.

Vorsichtshalber wurde Kepler erst zwei Monate auf Probe eingestellt, und dann mit einem Jahresgehalt von 150 Gulden – sein Vorgänger hatte 200 Gulden bezogen – auf Dauer. Als «Landschaftsmathematiker» oblag ihm die jährliche Herausgabe eines Kalenders mit den üblichen Horoskopen und Prognostiken für das kommende Jahr. Diese Arbeit wurde zusätzlich mit 20 Gulden jährlich honoriert. Im ganzen hat Kepler während seines Grazer Aufenthaltes sechs solche Kalender geschaffen.

Es ist innerhalb der nach seinem Tode entstandenen Kepler-Literatur viel Mühe aufgewandt worden, das Thema «Kepler und die Astrologie» aufzuhellen. Irrtümlich ist es, anzunehmen, Kepler habe sich nur aus Geldverdienstgründen der «unwürdigen» astrologischen Arbeit hingegeben. In der Regel wird zitiert, daß er doch selbst von der «Mutter Astronomie und ihrem närrischen Töchterlein der Astrologie gesprochen habe». In Wirklichkeit ist der Astronom ohne den Astrologen Kepler nicht denkbar. Seiner Grundüberzeugung, die er stets vertreten hat, entspricht, was er 1625, sechs Jahre vor seinem Tode, an Wallenstein schrieb: *Die Philosophie und also auch die wahre Astrologie ist ein Zeugnis von Gottes Werken und also ein*

Jugendbildnis Keplers (?). Um 1597

heilig und gar nicht ein leichtfertiges Ding, das will ich meines Teils nicht verunehren. Die hiermit berührten Probleme werden uns später wieder begegnen.

In Graz ergreift ihn der Grundgedanke seines Lebens. Mit der ihm eigenen Präzision weiß er Tag und Stunde seiner Konzeption anzugeben: am 19. Juli 1595, mitten im Unterricht, als er seinen Schülern Konstellationsprobleme erläuterte, kam ihm *durch göttliche Fügung* die Erleuchtung. In seinem Mund ist das keine Phrase. *Ich glaube, durch göttliche Fügung ist es so gekommen, daß ich durch Zufall bekam, was ich durch keine Mühe vorher erreichen konnte; ich glaube das um so eher, weil ich immer zu Gott gebetet hatte, er möge mei-*

nen Plan gelingen lassen, wenn Kopernikus die Wahrheit verkündet hat. Selbstverständlich waren die gedanklichen Voraussetzungen für seine neue Weltschau schon in Tübingen im Umgang und Zwiegespräch mit Mästlin vorgebildet. Dabei entstanden die Fragen, auf die am 19. Juli 1595 Kepler wie blitzartig die Antwort erhielt.

Der «Ur-Gedanke», den er in seiner Erleuchtung empfing, lautet: *Die Erde ist das Maß für alle anderen Bahnen. Ihr umschreibe einen Dodekaeder; die dieses umspannende Sphäre ist der Mars. Der Marsbahn umschreibe ein Tetraeder; die dieses umspannende Sphäre ist der Jupiter. Der Jupiterbahn umschreibe einen Würfel; die diesen umspannende Sphäre ist der Saturn. Nun lege in die Erdbahn ein Ikosaeder; die diesem einbeschriebene Sphäre ist die Venus. In die Venusbahn lege ein Oktaeder, die in diesem einbeschriebene Sphäre ist der Mercur.*

Indem Kepler diesen Grundgedanken in der Vorrede zu seinem *Mysterium Cosmographicum* mitteilt, fährt er fort: *Da hast du den Grund für die Anzahl der Planeten.* Mit unseren Worten: die fünf vollkommenen platonischen Körper – Pentagondodekaeder, Tetraeder, Würfel, Ikosaeder und Oktaeder – geben das Urmaß für die Entfernungen der sechs Wandelsterne: Erde, Mars, Jupiter, Saturn, Venus, Merkur. Sonne und Mond werden hierbei nicht angesprochen. Man beachte aber auch, daß Kepler nicht von quantitativen Entfernungen, sondern von *Sphären* spricht und damit das Wort gebraucht, das im System des Ptolemäus das für die «Planeten-Sphären» gültige und gebräuchliche war. In der 25 Jahre später erschienenen zweiten Auflage fügte Kepler die Anmerkung hinzu: . . . *ich meinte mit der Erde die Bahn, auf welcher sie sich bewegt; Kopernikus hat sie die große genannt; ebenso ist mit jedem Planeten seine Bahn gemeint.* Nur scheinbar rückt er mit dieser Einschränkung von seiner ursprünglichen Sicht ab. Er hat hier nicht die abstrakt berechenbare «Bahn» eines Wandelsterns im Auge, sondern das Gebilde, das bei der Umschreibung durch den Bahnverlauf entsteht. Dieses ist zwar auch ein «Abstractum», aber ein solches, das sich als Sphäre (orbis) in der Form eines der «regulären Körper» denken läßt.

Keplers Grundeinstellung bleibt lebenslang die gleiche. Das *Mysterium Cosmographicum* verhält sich zu seinem gesamten Lebenswerk wie ein Samenkorn zu der entsprechenden, voll ausgebildeten Pflanze. In nuce ist in dem 1596 erschienenen Jugendwerk alles Spätere schon enthalten. Die *Harmonices mundi* (1619) bringen die reifen Früchte der Erstkonzeption des *Mysterium Cosmographicum.* Alles übrige, einschließlich der *Astronomia Nova* (1609) und der Entdekkung der berühmten und allseits anerkannten «drei Keplerschen Gesetze», ist nur eine – wenn auch unentbehrliche, höchst notwendige – Ergänzung.

Wenden wir uns zunächst wieder dem Frühwerk Keplers zu, dem *Mysterium Cosmographicum,* dessen vollständiger Titel in deutscher Sprache, ursprünglich lateinisch, lautet:

Vorbote
kosmographischer Abhandlungen
enthaltend das
Weltgeheimnis
bezüglich der bewunderungswürdigen Verhältnisse zwischen den Himmelsbahnen, und bezüglich der wahren und eigentlichen Ursachen für Zahl und Größe der Himmelssphären, sowie für die periodischen Bewegungen; dargelegt mit Hilfe der fünf regulären geometrischen Körper.[11]

Der Erstausgabe war auf der Titelseite hinzugefügt:

Quotidie morior, fateorque: sed inter Olympi
Dum tenet assiduas me mea cura vias:
Non pedibus terram contingo: sed ante Tonantem
Nectare, divina pascor et ambrosia.

Der Zweit-Ausgabe ist in deutscher Sprache vorausgeschickt:

Täglich steht der Tod mir bevor, wohl weiß ich es sicher.
Doch wenn ich schau', wie der Chor kreisender Sterne sich schlingt,
Fühl' ich mich aufwärts gehoben; ich sitze an himmlischer Tafel.
Lebenspendenden Trank Gott, der Gebieter, mir beut.

Man muß vorübergehend die Bewußtseinsebene eines «exakten» Naturwissenschaftlers verlassen können, um in die Sicht Keplers einzutauchen.

In der Widmung der ersten Auflage, die in der damals üblichen Weise die führenden Männer der Steiermark nennt, spricht Kepler von dem *ganz wunderbaren Gegenstand,* den das Werk behandelt. *Denn schaut man auf das Alter – schon vor 2000 Jahren hat sich Pythagoras an ihm versucht. Wünscht man etwas Neues – zum erstenmal wird jetzt von mir dieser Gegenstand unter den Menschen allgemein bekanntgemacht.*

Sagt er mit diesem Selbstlob nicht zuviel? Ist er nach Pythagoras der erste Mensch, der sich an den *erhabenen Gegenstand,* das *Weltgeheimnis,* heranmacht? Im Sinne der Astronomie: nein. Viele haben seit Pythagoras sich um Erkenntnis des Planetensystems gemüht. Im Sinne Keplers: ja, denn in der Tiefenschicht, bei der es ihm nicht um die «Welt der Erscheinung» im Sinne Kants geht, sondern um Enträtselung des göttlichen Schöpfungsgeheimnisses, hat Kepler in der spezifischen Art seiner Entschlüsselung der Welt außer Pythagoras keinen Vorläufer.

Für ihn sind es keine rhetorischen Floskeln, wenn er die von ihm in der Widmung aufgeworfenen Fragen selbst so beantwortet:

Wünscht man Gewichtigkeit?
Nichts ist größer und weiter als das Weltall.

Verlangt man Würde?
Nichts ist köstlicher, nichts schöner als unser hellichter Gottestempel.
Will man Geheimnisvolles erkennen?
Nichts in der Natur ist oder war mehr verborgen.

Einen erhabeneren Gegenstand als die verborgen-offenbare Natur, so wie sie als Planetensystem von Sonne, Mond und Wandelsternen aufleuchtet und die Erde umfaßt, ist für Kepler undenkbar und unauffindbar. *Nur dadurch wird mein Gegenstand nicht alle befriedigen, weil sein Nutzen der Gedankenlosigkeit nicht einleuchtet.* Aber in Wahrheit *handelt es sich hier um das Buch der Natur,* das Gott selbst geschrieben hat und in dem er *wie die Sonne im Wasser oder im Spiegel* erkannt werden kann. Es ist das gleiche «Buch der Natur», um dessen Entzifferung ein Scotus Eriugena, die Meister von Chartres und schließlich Goethe bemüht waren. Nur verliefen deren Anstrengungen, sich das Buch lesbar zu machen, auf anderen Wegen als denen von Pythagoras und Kepler; der Ausgangspunkt und das Ziel waren bei allen das gleiche.

Naturwissenschaft, wie sie heute betrieben wird, klammert die Sphäre der menschlichen Ethik aus, sie ist wertfrei, a-moralisch, das heißt, sie bewegt sich jenseits der Wertung von Gut und Böse. Für Naturwissenschaft im Sinne Keplers und all derer, die vom «Buch der Natur» als Offenbarung Gottes sprachen, galten die Maßstäbe einer ethikfreien Wissenschaft nicht. Gemeinsam mit der griechischen Philosophie – und damit auch der Scholastik – war für sie Ehrfurcht der Nährboden: «Alle Philosophie beginnt mit dem Staunen.»

Ob ein «exakter» Wissenschaftler von heute bei der Feststellung irgendeines Tatbestandes staunt, erstaunt, ist seine persönliche Angelegenheit. Was er beim Ablesen der Gradeinteilung von Quecksilbersäulen seiner Instrumente subjektiv empfindet, bleibt für das Forschungsergebnis völlig ohne Belang. Vielleicht ist er vom Resultat eines angestellten Versuchs selbst überrascht, «erstaunt» – aber für den Erkenntnisbefund ist diese persönliche Reaktion irrelevant. Anders verhält es sich für eine Forschung im Sinne Keplers, die von der sinnlich-sichtbaren Außenseite in die über-sinnlichen Weltgeheimnisse vorzudringen sucht. Hier sind moralische Fähigkeiten wie Staunen, Bewundern, Verehren, Andacht unerläßliche Voraussetzung für den weiteren Erkenntnisfortschritt. In diesem Sinne ist auch die von Kepler in seiner Widmung vorgenommene Umkehrung des üblichen Verhältnisses von Andacht und Erkenntnis gültig: *Unsere Andacht dabei ist um so tiefer, je besser wir die Schöpfung und ihre Größe erkennen.* Es ist in seinem Sinne ein Wechselverhältnis vorhanden: Andacht führt zu Erkenntnis, Erkenntnis weckt Andacht. Man sieht, wie weit der Ansatzpunkt Keplers von dem eines heutigen Astronomen entfernt ist.

Wenn es je einen Anti-Kantianer vor Kant gegeben hat, so war es Johannes Kepler. Man hat Kant mit Recht den Erkenntnistheo-

Nikolaus Kopernikus. Anonymes Bildnis, 16. Jahrhundert

retiker der modernen Naturwissenschaft genannt. Er verweist alle Forschung in die Grenzen der Erscheinungswelt. Der Zutritt in die Erkenntnis des Wesenhaften, des «Dinges an sich», ist nach Kant dem menschlichen Denken versagt. Für jenes Denken, das auf den Spuren Galileis sich wissenschaftlich betätigt, trifft Kants Erkenntnisbegrenzung zu. Denn wer sich selbst willentlich im Forschen auf das «Messen, was meßbar ist» beschränkt, kann und darf keinen Anspruch auf Wesenserkenntnis erheben.

Demgegenüber sucht Kepler einen anderen Weg. Ihm geht es um die Ergründung der Seinstiefen. Nach ihm *dürfen wir nicht fragen, warum der menschliche Geist soviel Mühe aufwendet, die Geheimnisse des Himmels zu erforschen.* Denn das hieße, Wesen und Mission des Menschen mißverstehen. *Unser Bildner hat zu den Sinnen den Geist gefügt, nicht bloß, damit der Mensch seinen Lebensunterhalt erwerbe – das können viele Arten von Lebewesen mit ihrer vernunftlosen Seele viel geschickter –, sondern auch dazu, daß wir vom Sein der Dinge, die wir mit Augen betrachten, zu den Ursachen ihres Seins und Werdens vordringen, wenn auch weiter kein Nutzen damit verbunden ist.* So steht es im Frühwerk des fünfundzwanzigjährigen Kepler und gibt seinem wirksamen Grundimpuls klaren Ausdruck. Hier berühren wir auch den Grund, warum zwischen Kepler und Galilei, trotz ihres gemeinsamen Bekenntnisses zur Tat des Kopernikus, außer wenigen Briefen und gelegentlichen Zustimmungen keine harmonische Zusammenarbeit entstehen konnte. Galilei war der Prototyp des induktiven Wissenschaftlers, der erst beobachtend wahrnimmt, dann die Resultate abstrakt denkend ordnet und auf diese Weise hofft, daß die Natur die Gesetze ihres Lebens und Wirkens wie von sich selber ausspricht.

Zwischen Galilei und Kepler steht in bezug auf seine Erkenntnismethode Tycho Brahe. Von ihm berichtet Kepler in einer Anmerkung zur früheren Widmung des *Mysterium Cosmographicum*: *Brahe schrieb mir, ich solle die Spekulationen a priori unterbrechen und lieber meinen Sinn auf die Untersuchung der Beobachtungen hinlenken, die er mir gleichzeitig anbot; erst wenn ich hierin die ersten Schritte gemacht hätte, soll ich zu den Ursachen aufsteigen und etwas Ähnliches in bezug auf seine Hypothese, der er vor der Kopernikanischen den Vorzug gab, ausdenken.* Abgesehen davon, wie rührend naiv Tycho Brahe hier für seine eigene Auffassung wirbt, wird deutlich, daß Tycho der Beobachtung die erste Stelle eingeräumt wissen will und gegen Keplers deduktive Methode der Induktion den Vorzug gibt.

Wir versagen uns an dieser Stelle, ausführlich auf die Grundgedanken Keplers, so wie er sie in seinem *Weltgeheimnis* vorträgt, einzugehen. Sie sind im wesentlichen auch in seinem späteren Werk *Harmonices mundi* (1619) enthalten und werden in dem entsprechenden Abschnitt zu behandeln sein.

Auch wenn es 1599 noch keinen Fall Galilei gegeben hatte: Giordano Bruno und Tommaso Campanella befanden sich bereits hinter Kerkermauern. Kepler kannte das Risiko, das mit dem Bekenntnis zu Kopernikus in seiner Zeit verbunden war. Nicht umsonst hatte sein Lehrer Mästlin sich in dieser Beziehung so große Zurückhaltung auferlegt. Kepler wußte auch, daß der wesentliche Einwurf gegen den Kopernikanismus, in dem sich Rom und Wittenberg einig waren, dieser war: die neue Lehre widerspricht der Heiligen Schrift. So eröffnet er sein erstes Kapitel, das der Darstellung des Kopernikanismus und den Gründen für ihre Richtigkeit gewidmet ist, mit dem Satz: *Wenn es auch die Frömmigkeit erheischt, sich sogleich am Anfang dieser naturwissenschaftlichen Untersuchung zu fragen, ob nichts darin gegen die Hlg. Schrift ausgesprochen wird, so halte ich es doch nicht für gelegen, diese Streitfrage hier zu behandeln, solange man mich in Ruhe läßt.* Das war mutig und deutlich zugleich. Als dann 1616 die Zensur ein vorläufiges Verbot des Kopernikus-Werkes aussprach: «Das Buch wird verboten, bis es verbessert wird», fügte Kepler (1621) in einer Anmerkung hinzu: *... darunter kann man, glaube ich, auch verstehen, «bis es erklärt wird».* Die Erklärung, die im Grunde eine Vertiefung und Weiterführung in den Augen Keplers bedeuten mußte, hatte er sich selbst zur Lebensaufgabe gesetzt. Darum ging er in seiner Anmerkung von der Verteidigung zum Angriff über, indem er sich auf seine *Astronomia Nova* (1609) und das erste Buch der *Epitome* (1618) beruft: *Ich hoffe an den genannten Stellen die Hüter der Religion befriedigt zu haben. Mögen sie zur Entscheidung dieser Frage soviel Einsicht und astronomisches Wissen mitbringen, daß man die Sorge für den Ruhm der sichtbaren Werke Gottes sicher ihrer Obhut anvertrauen kann. Es ist etwas Großes um das Wort Gottes, gewiß; aber es ist auch etwas Großes um das Werk Gottes. Und wer wollte leugnen, daß das Wort Gottes seinem Zweck und daher der herkömmlichen Redeweise der Menschen angepaßt ist? Daher wird sich gerade der eifrigste Hüter der Religion am meisten davor hüten, in völlig offenkundigen Dingen das Wort so zu pressen, daß es das Werk Gottes ablehnt.* Diese Worte sind zwar erst 1621 geschrieben, aber sie entsprechen der Stimmung, aus der Kepler 1595/96 sein Bekenntnis zu Kopernikus im *Weltgeheimnis* ablegte.

Schon zu der Zeit, als ich mich vor sechs Jahren in Tübingen eifrig dem Verkehr mit dem hochberühmten Magister Michael Mästlin widmete, empfand ich, wie ungeschickt in vieler Hinsicht die bisher übliche Ansicht über den Bau der Welt ist. Ich ward daher von Kopernikus, den mein Lehrer sehr oft in seinen Vorlesungen erwähnte, so sehr entzückt, daß ich nicht nur häufig seine Ansichten ... verteidigte, sondern auch eine sorgfältige Disputation über die These, daß die «erste Bewegung» von der Erde herrühre, verfaßte. Da nicht jedermann Zeit, Kraft und genügend Vorbildung hat, das Werk des Kopernikus selbst zu studieren, gibt Kepler – wie ihm selbst Mästlin vorgeschlagen hatte – den Rat, die klare und einfache Zusammenfassung der Kopernikanischen Lehre in der «Narratio» des Rheticus zu lesen.[12]

Kepler ist überzeugt, daß die Wahrheit auf seiten des Kopernikus ist, weil seine Lehre mehr vom Geist der Natur atmet als die bisherige Lehre des Ptolemäus. *Die Lehren des Kopernikus widersprechen der Natur der Dinge nicht nur nicht, sie dienen ihr vielmehr zur Stütze. Die Natur liebt die Einfachheit, sie liebt die Einheit. Nichts ist in ihr je untätig oder überflüssig; ja nicht selten wird ein Ding von ihr zu vielerlei Wirkungen verwendet. Nun aber ist bei den herkömmlichen Lehren in der Einführung von Hilfskreisen kein Ende abzusehen; bei Kopernikus dagegen ergeben sich die meisten Bewegungen aus der Annahme von ganz wenigen Kreisen ... So hat jener Mann nicht nur die Natur von jenem lästigen und unnützen*

Jugendbildnis der Barbara Kepler, geb. Müller von Mühleck, um 1597

Hausrat der ganzen großen Zahl von Kreisen befreit, er hat uns zudem einen immer noch unerschöpflichen Schatz von wahrhaft göttlichen Einsichten in die so herrliche Ordnung der ganzen Welt und aller Körper erschlossen.

Zwei Ereignisse im Leben Keplers fallen mehr oder weniger zeitlich zusammen: der Druck seines Erstlingswerkes und seine Heirat mit Barbara Müller von Mühleck[13] (1573–1611), der Tochter eines reichen Mühlenbesitzers zu Gössendorf unweit von Graz. Obwohl Frau Barbara erst 23 Jahre alt war, hatte sie bereits zwei Ehen hinter sich und war schon zweimal Witwe geworden.

Das Werben um die Braut war für Kepler geradezu ein Hindernisrennen, das sich durch anderthalb Jahre hinzog. Denn in jener Zeit war eine Eheschließung nur sehr bedingt die Sache zweier Herzen. Die Brauteltern, die Familien und Freundschaften – sie alle verfolgten bei einer solchen Angelegenheit ihre Sonderinteressen, wollten mitreden, intrigierten im Hintergrund. Überdies hatte Kepler ahnungslos einen Fehler begangen. Nachdem er seinen Antrag offiziell, wie es die Sitte forderte, durch zwei Brautwerber beim Brautvater Jobst Müller hatte vortragen lassen, nahm er von seiner Schule zwei Monate Urlaub, um vor allem den Druck seines Erstlingswerkes in Tübingen einzuleiten. Aus den zwei Monaten wurden zum Verdruß der Brautangehörigen sieben. Gegenspieler traten in dieser Zwischenzeit auf den Plan, um Kepler das vermögende Mädchen abzufangen. Doch es ging gut aus. Am 27. April 1597 wurde in Graz, im Hause Stempfergasse 6, nach vollzogener Trauung in der Stiftskirche in der bisherigen Wohnung von Frau Barbara die Hochzeit mit allem üblichen Aufwand gefeiert.

Finanziell fühlte sich Kepler, trotz der vermögenden Braut, ziemlich gerupft. *Ich mußte große Auslagen aus meinem Eigenen machen, denn hier ist es Sitte, die Hochzeit aufs glänzendste auszurüsten.* Doch sah er das selbst als einen momentanen Zustand an, der sich in der Folgezeit zu seinen Gunsten verändern würde: *Denn meine Braut hat hier Güter, Freunde, einen wohlhabenden Vater.* Natürlich stellte er auch das Horoskop seiner Ehe. Die Sterne verkündeten *eine mehr angenehme als glückliche Ehe, jedoch Liebe und Vornehmheit.* Er stellte auch das Horoskop seiner Frau.

Später, entillusioniert und kritisch, äußert er sich darüber in einem Brief und gibt dabei Barbaras Charakterbild recht schonungslos preis: *Man schaue sich einen Menschen an, bei dessen Geburt die guten Gestirne Jupiter und Venus nicht günstig gestellt sind. Man wird sehen, daß ein solcher Mensch zwar rechtschaffen und weise sein kann, aber doch ein wenig heiteres und ziemlich trübseliges Los besitzt. Mir ist eine solche Frau bekannt. Sie wird in der ganzen Stadt wegen ihrer Tugend, Züchtigkeit und Bescheidenheit gerühmt. Dabei ist sie aber einfältig und hat einen dicken Körper. Sie war von klein auf von ihren Eltern hart gehalten worden; kaum erwachsen (16) heiratete sie gegen ihren Willen einen Vierziger. Nachdem dieser alsbald gestorben war, heiratete sie einen andern gleichen Alters, der von lebhafterem Gemüt war; aber er war kein Mann und verbrachte die vier Jahre, die er in dieser Ehe lebte, mit Krankheiten. Zum drittenmal heiratete sie, die zuvor reich war, einen Armen in verachteter Stellung. Ihr Vermögen wird zu Unrecht zurückbehalten. Sie kann nur eine Magd haben, die mißgestaltet ist. In allen Geschäften ist sie verwirrt und verlegen. Auch gebärt sie schwer. Alles andere ist von der gleichen Art. Ihr könnt hier bei der Seele, beim Körper und beim*

Schicksal den gleichen Charakter erkennen, der in der Tat ein Analogon zu der Gestirnstellung ist, jedoch so, daß es unmöglich ist, daß diese Seele der Schmied ihres ganzen Schicksals wäre, da das Schicksal etwas von außen her Kommendes und Fremdes ist.

Dieser Brief ist nicht nur darin aufschlußreich, daß wir erfahren, wie nüchtern Kepler seine Frau sieht, sondern auch durch die grundsätzlichen Aussagen über seine Einstellung zu Gestirnstellung, Charakter und Schicksal.

Die beiden in den ersten zwei Ehejahren geborenen Kinder – ein Knabe, auf den Namen Heinrich getauft (geb. am 2. Februar 1598), und ein Mädchen, Susanna (geb. im Juni 1599) – starben bald nach der Geburt. Doch hatte Frau Barbara aus ihrer ersten Ehe eine Tochter, Regina Lorenz, mitgebracht. Ihr war Kepler sehr zugetan. Erst mit ihrer eigenen Heirat 1608 trennte sie sich von der Familie Kepler. Sie starb im Alter von 27 Jahren am 4. Oktober 1617 als Regina Ehem im säkularisierten Kloster zu Walderbach bei Regensburg, dessen Verwalter Philipp Ehem ihr Mann war.

Keplers wissenschaftlicher Ehrgeiz wurde inzwischen auf eine harte Probe gestellt. Trotz seines persönlichen Einsatzes und der aktiven Hilfestellung durch Mästlin zogen sich Druck und Fertigstellung des *Mysterium Cosmographicum* in Tübingen hin. Am 15. Mai 1595 hatte er mit der Arbeit begonnen, am 19. Juli war ihm, wie wir sahen, aus dieser Beschäftigung heraus der entscheidende Gedanke gekommen, und am 15. Mai 1596 war das Manuskript vollendet. Im Sommer 1597 – nach seiner Heirat – hält er die ersten fertigen Exemplare in Händen und kann sich daranmachen, sie seinen Freunden und den führenden Astronomen seiner Zeit, so auch Galilei und Tycho Brahe, zuzustellen.

Kepler beendet sein Werk mit einem Hymnus an den Leser: *Jetzt aber, freundlicher Leser, vergiß nicht den Zweck aller dieser Dinge, das ist die Erkenntnis, Bewunderung und Verehrung des allweisen Schöpfers. Denn es heißt nichts, vom äußeren Augenschein zum inneren Sinn, von der sichtbaren Erscheinung zum inneren Schauen, von der Beobachtung des Weltlaufes zu dem tiefen Ratschluß des Schöpfers vorzudringen, wenn du nun Halt machen wolltest, wenn du dich nicht in e i n e m Schwung, mit der ganzen Hingabe deines Herzens aufwärts zur Erkenntnis, Liebe und Verehrung des Schöpfers fortreißen lässest. Drum stimme lauteren Sinnes und dankbaren Herzens mit mir ein in das Lob dessen, der das vollkommenste Werk begründet hat.*

Es folgen dann 30 Zeilen eines psalmenartigen Hymnus, der da schließt:

Gott, du Schöpfer der Welt, unser aller ewiger Herrscher!
Laut erschallet dein Lob ringsum durch die Weite der Erde!

So spricht der Kepler, dessen «mystischen» Grundimpuls die fortschreitende, auf Galilei und Newton gründende Wissenschaft radikal abgelehnt hat.

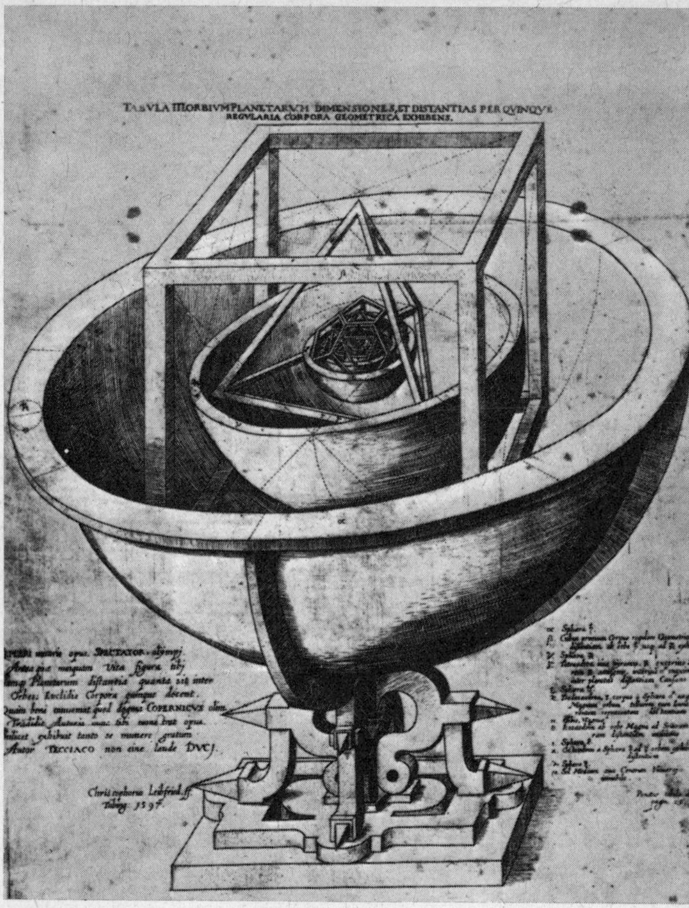

«Das Weltgeheimnis». Kupferstich, 1597

Johann Gottfried von Herder (1744–1803) war es, der die Geistesverwandtschaft Keplers zu Goethe und den großen Idealisten der Goethe-Zeit als erster erkannte. Ihm ist eine freie Nachschaffung des Keplerschen Hymnus gelungen, der diesen in die unmittelbare Nähe Goethes bringt: «Großer Künstler der Welt, / ich schaue wundernd die Werke deiner Hände, / nach fünf künstlichen Formen erbaut / und in der Mitte die Sonne, / Spenderin Lichtes und Lebens, / die nach heiligem Gesetz / zügelt die Erden / und lenkt in verschiedenem Lauf. / Ich sehe die Mühen des Mondes / und dort Sterne zerstreut auf unermessener Flur. / Vater der Welt, / was bewegte dich, / ein armes, ein kleines / schwaches Erdengeschöpf so zu erheben, / so hoch, / daß es im Glanz dasteht, / ein weithin herrschender König, / fast ein Gott, / denn er denkt deine Gedanken dir nach.»

Das ist Geist von Keplers Geist.

Die stärkste Unterstützung fand Kepler daheim durch seinen alten Lehrer Mästlin. Dieser hatte ihm nicht nur bei der Drucklegung zur Seite gestanden, sondern sich auch beim akademischen Senat zu Tübingen nach Kräften für ihn eingesetzt. Was in späteren Jahren gerade zur Ablehnung des Grundgedankens Keplers geführt hat, von der Idee aus zur physischen Wirklichkeit zu gelangen, macht in den Augen Mästlins den besonderen Vorzug des *Mysterium Cosmographicum* aus. «Wer» – so ruft Mästlin aus – «faßte je den Gedanken oder erkühnte sich, es zu versuchen, die Zahl, die Ordnung und die Größe der himmlischen Sphären a priori zu beweisen und die Ursache gleichsam aus dem geheimen Ratschlusse Gottes hervorzuziehen? Dieses hat Kepler unternommen und glücklich vollbracht! Er ist der erste, der in Betracht zog, daß die Entfernung der Planeten voneinander durch die fünf regelmäßigen Körper bestimmt ist. Hierdurch erscheint Alles in solch angemessener Ordnung und in so vollkommenem Zusammenhang, daß nicht das Mindeste verändert werden darf, ohne einen Zusammensturz des Ganzen zu verursachen. Kepler hat sich dadurch als höchst gelehrt und scharfsinnig angekündigt.» Selten wird ein akademischer Lehrer ein so hohes Loblied auf einen noch nicht fünfundzwanzigjährigen Schüler gesungen haben.

Diese Anerkennung Keplers hinderte Mästlin nicht, auf einige unklare Stellen im Text aufmerksam zu machen. Auch sorgte er dafür, daß zur Belehrung des Lesers über das Kopernikanische System die «Narratio» des Rheticus als Anhang dem *Mysterium Cosmographicum* beigefügt wurde.

KEPLER UND GALILEI

Einer der ersten, der Keplers Werk erhielt, war der Professor für Mathematik auf dem Lehrstuhl zu Padua: Galileo Galilei. Es wurde ihm von einem Italien-Reisenden – Paulus Amberger – mit persönlichen Grüßen Keplers überbracht. Da Amberger am gleichen Tag – dem 4. August 1597 – wieder nach Deutschland zurückkehrte, gab Galilei ihm ein Dankesschreiben mit, obgleich er das Buch – mit Ausnahme der Einleitung – nicht gelesen hatte.

Der sieben Jahre ältere Galilei gibt seiner Freude darüber Ausdruck, daß er in seinem Kampf um Erforschung der Wahrheit in Kepler einen Gefährten gefunden hat: «Denn es ist beschämend, daß es nur so wenige gibt, die nach Wahrheit suchen, und so viele, die einer falschen Philosophie folgen.»

Zum damaligen Zeitpunkt war auch Galilei schon von der Wahrheit der Kopernikanischen Lehre überzeugt, aber er hielt sich aus begreiflichen Gründen mit bekennenden Äußerungen in der Öffentlichkeit zurück. Padua liegt eben näher zu Rom als Tübingen oder Graz. So entschuldigt er sich bei Kepler: «Ich würde es gewiß wagen, der Öffentlichkeit meine Überlegungen vorzutragen, gäbe es mehr Menschen von Ihrer Art. Da es nicht der Fall ist, halte ich mich zurück.» Mit höflichen Redewendungen schließt Galilei seinen Brief:

Ich versichere Sie meiner Zuneigung. Ich werde immer zu Ihrer Verfügung stehen. Leben Sie wohl und säumen Sie nicht, mir weiterhin gute Nachrichten von Ihnen zu senden.

In aufrichtiger Freundschaft
Ihr Galilaeus Galilaeus
Mathematiker an der Akademie zu Padua

Kepler war begeistert und meldet die Zustimmung Galileis sofort an Mästlin. Ein wenig später, am 13. Oktober 1597, greift er erneut zur Feder und dankt Galilei mit fast überschwenglichen Worten, vor allem *wegen der Übereinstimmung unserer Ansichten zur Kopernikanischen Kosmographie.* Aber mit der Zurückhaltung Galileis ist Kepler nicht einverstanden. Zunächst gibt er ihm zwar recht: *Sie geben durch Ihr Beispiel den klug verborgenen Rat, man solle der allgemeinen Unwissenheit aus dem Weg gehen und sich nicht leichtfertig den wütenden Angriffen des Gelehrtenhaufens aussetzen. Darin folgen Sie Plato und Pythagoras, unseren wahren Lehrern.*

Mit dem letzten Satz wird das tragische Mißverständnis Keplers deutlich. Er fühlte sich, und zwar mit vollem Recht, als Schüler von Platon und Pythagoras. Aber er setzte irrtümlich voraus, daß Galilei gleichfalls im Geiste der Pythagoräer und Platoniker strebe. Galileis Denkart war eher dem Arabismus als dem Griechentum verwandt. Es liegt kein Zeugnis von Galileis Hand vor, durch das er Keplers *Mysterium Cosmographicum* anerkannt hat. Es ist auch nicht anzunehmen, daß er Keplers Werk mit wirklicher Zustimmung aufgenommen hat. Was Kepler mangels Kenntnis der Forschungsweise Galileis nicht wissen konnte, hat Galilei seinerseits sicherlich gewußt: sie beide sind zwar Anhänger der Kopernikanischen Lehre von der dreifachen Erdbewegung – aber im übrigen gehen sie getrennte Wege, insbesondere in der Methodik ihres Forschens. In einem Brief nach Keplers Tod spricht Galilei es deutlich aus: «Ich habe Kepler stets wegen seines freien und feinen Verstandes geschätzt, allein meine Art zu philosophieren ist von der seinigen durchaus verschieden.»[14]

Darum findet auch Keplers enthusiastischer Appell bei Galilei kein Echo: *Seien Sie guten Mutes, Galilei, und kommen Sie in die Öffentlichkeit. Wenn ich nicht irre, gibt es unter den bedeutenden Mathematikern Europas nur wenige, die sich von uns trennen wollen. So mächtig ist die Wahrheit. Wenn Italien für Ihre Veröffentlichung weniger geeignet ist und wenn Sie dort Schwierigkeiten zu erwarten haben, wird uns wohl Deutschland mehr Freiheit bieten.*[15]

Galileo Galilei. Gemälde von J. Sustermans. Rom, 1627

Kepler ist so erfüllt von seinen eigenen Ideen, daß er nicht bemerkt, wie die Gemütsart seines Partners solche Überlegungen gar nicht zuläßt. Galilei war nicht zum Märtyrer geboren. Padua verlassen und in den rauhen Norden Deutschlands ausweichen, um in größerer Freiheit lehren zu können – das lag nicht in seiner Zielrichtung. Wenn er schon an einen Ortswechsel dachte, dann strebte er zurück in sein geliebtes Florenz – aber bestimmt nicht in die Lande nördlich der Alpen. So hüllte er sich in Schweigen, und Kepler blieb ohne Antwort auf seinen enthusiastischen Appell. Erst dreizehn Jahre später (1610) kommt es erneut zu einem Briefwechsel zwischen den beiden souveränen Wortführern der neuen Wissenschaft.

Als Kepler den Galilei ermunterte, um der größeren Lehrfreiheit willen Italien eventuell zu verlassen, konnte er nicht wissen, wie bald er selbst vor eine solche Schicksalsentscheidung gestellt werden sollte. Doch traf sie ihn nicht ganz unvorbereitet. Nach seiner Heirat hatte er im Frühsommer 1597 an Mästlin geschrieben: *Auch werde ich dieses Land wohl kaum je verlassen, außer es tritt ein öffentliches oder ein persönliches Unglück dazwischen. Ein öffentliches, wenn nämlich für den Lutheraner das Land nicht mehr sicher wäre...* Schneller, als er gedacht, trat dieser Zustand ein. In wenigen Jahren gelang es der in erster Linie von Jesuiten geführten Gegenreformation, den Protestantismus in weiten Teilen Österreichs auszurotten und die Alleinherrschaft des Katholizismus wiederherzustellen. Die ersten, die das Land zu verlassen hatten, falls sie nicht bereit waren, der lutherischen Häresie abzuschwören, waren die Geistlichen und die Lehrer.

Im Sommer 1598 zog sich über den Protestanten in Graz das Gewitter zusammen – nicht ohne Schuld beider Seiten, da sie es nicht lassen konnten, von den Kanzeln aus und bei jeder sich sonst bietenden Gelegenheit einander gehässig zu befehden. Ende September überschlugen sich die Ereignisse. Am 20. September verordnete der Erzherzog Ferdinand auf Betreiben eines neuen katholischen Stadtpfarrers und Erzpriesters mit Namen Lorenz Sonnabenter, daß «binnen 14 Tagen alle Diener der evangelischen Kirche und Schule zu Graz und Judenburg zu entlassen seien und denselben anzukünden, daß sie seine Erbstaaten bei Todesstrafe zu meiden hätten». Zunächst widersetzten sich die Landesabgeordneten, dieses Dekret gesetzlich zu machen mit dem Hinweis, dies sei Sache des Landtages. Darauf erging am 24. September an die Stiftsprediger, Professoren, Praeceptoren und andere der fürstliche Erlaß, «von Stund an alles Predigen und Schulhalten gänzlich einzustellen und innerhalb von acht Tagen seine Erbländer zu räumen; würden sie später daselbst betroffen, sollten sie Leib und Leben verlieren». Am 27. September folgte ein weiteres, schärferes Dekret – obwohl schon jeder Unterricht und Gottesdienst von seiten der Protestanten unterlassen wurde. Dieses Dekret wurde am 28. September öffentlich angeschlagen und enthielt die letzte Aufforderung, bis Sonnenuntergang die Stadt und innerhalb von acht Tagen das Land Steiermark verlassen zu haben. Wieder erfolgte die Androhung der Todesstrafe.

So verließen am 28. September 1598 etwa zwanzig Prediger und Lehrer des Grazer Stiftes die Stätte ihres Wirkens. Unter ihnen Johannes Kepler. Frauen und Kinder blieben einstweilen mit ungewissem Schicksal zurück.

Die Vertriebenen erhielten ihre Gehälter weiter ausgezahlt und dazu noch Reisegelder. Im nahen Ungarn fanden sie zunächst ein Asyl. Unter allen war Kepler der einzige, dessen Verbannung bereits nach einem Monat aufgehoben wurde, ohne daß man von ihm forderte, seinen protestantischen Glauben aufzugeben. Wahrscheinlich hatten katholische Freunde sich für ihn eingesetzt und dem Erzherzog plausibel gemacht, daß sein Amt als Landschaftsmathematikus religiös neutral sei. Durch ein Dekret wurde ihm mitgeteilt, daß Ihre Durchlaucht ihm gegenüber besondere Gnade walten lasse, aber zugleich eingeschärft: «Doch soll er sich allenthalben gebührlicher Bescheidenheit gebrauchen und sich also unverweislich verhalten, damit Ihre Durchlaucht solche Gnade wieder aufzuheben nit verursacht werde.»

Eigentümlicherweise fand Kepler in den schweren Jahren, die er und die Seinen nun durchzumachen hatten, wenig Trost bei seinen Tübinger Freunden, auch nicht bei Mästlin. Statt dessen entsteht von nun an eine rege Korrespondenz zwischen Johannes Kepler und Johann Georg Herwart von Hohenburg (1553–1622), der einst auch Schüler Mästlins gewesen und nun zum bayrischen Kanzler avanciert war. Durch eine wissenschaftliche Anfrage Hohenburgs war es zu einem Briefwechsel gekommen, der sich durch lange Zeit hinzog und immer freundschaftlichere Formen annahm. In Herwart von Hohenburg fand Kepler einen vielseitig gebildeten Staatsmann als Freund, einen entschiedenen Katholiken, der den Jesuiten verbunden war. Das hinderte ihn nicht, sich Keplers großzügig anzunehmen. Ihm konnte Kepler völlig unbefangen seine Nöte klagen und fand stets ein offenes Ohr. So schreibt am 16. Dezember 1598 Kepler an Hohenburg: *Ich bin ein Christ, die Augsburger Konfession habe ich aus der Belehrung von meinen Eltern her, in wiederholter Erforschung ihrer Begründung, in täglichen Erprobungen in mich aufgenommen, an ihr halte ich fest. Ich habe nicht gelernt zu heucheln. Mit der Religion ist es mir ernst, ich spiele nicht mit ihr. Daher ist es mir auch ernst mit ihrer Ausübung und mit dem Empfang der Sakramente.* Solche Sätze aus Keplers Feder sind unbedingt ernst gemeint, sein Verhalten deckte sich mit ihrem Inhalt. Konfessionelle Streitigkeiten waren ihm zuwider. *Ich bin gerecht und billig gegen die Anhänger des Papstes und rate auch jedermann diese Billigkeit an.* Er setzte sein Christ-Sein über alle Konfession. Ihm ging es nicht um Papst, Luther, Zwingli oder Calvin – wohl aber um die echte «Freiheit eines Christenmenschen». Von Natur aus war er nachgiebig, wo er aber die Sphäre der Freiheit angetastet sah, war er bereit, mit Gut und Leben für seine Überzeugung einzustehen.

Bald ist ihm deutlich, daß seine Rückberufung nach Graz nur ein Aufschub war und daß er doch in absehbarer Zeit die Steiermark, nun aber mit Familie und endgültig, verlassen müsse, obwohl gerade er und die Seinen in Graz manche Freundlichkeit von der katholischen Seite her erfuhren. Aufs Ganze gesehen gab er sich aber keinen Illusionen hin, sondern wandte sich nun mit dringlicher Bitte an Mästlin, ihm eine Professur an seiner über alles geliebten Universität Tübingen zu verschaffen. Doch jetzt versagte Mästlin. In Tübingen herrschte eine Stimmung, die alles andere als tolerant war. In den Augen der orthodoxen Lutheraner war der Mann, dem die Grazer Jesuiten die Rückkehr erlaubt hatten, selbstverständlich höchst verdächtig. Auch war die Abneigung Luthers und Melanchthons gegen die Lehren des «Narren» Kopernikus noch nicht überwunden. So rührte man keinen Finger, um Kepler für Tübingen zu gewinnen.

IM AUFBRUCH NACH PRAG

Die Lage in Graz wurde für Kepler im Laufe des Jahres 1599 unhaltbar. So schwer es ihm und seiner Frau auch war, sahen sie jetzt deutlich, daß sie auf die Dauer in der Steiermark nicht bleiben konnten. Es sei denn, Kepler würde zur Konvertierung zum katholischen Glauben bereit sein. Das aber kam für ihn in keiner Phase seines Lebens in Frage. Er sagte sich: *Welches Schicksal meiner auch warten mag, wenn ich mich anderswohin begebe, so weiß ich sicher, daß es nicht schlimmer sein wird als das, das uns hier bedroht, solange die gegenwärtige Regierung besteht.* Um so bitterer muß es für ihn gewesen sein, daß sich ihm auf die flehenden Briefe an Mästlin, eine Berufung nach Tübingen zu erwirken, keine Hand entgegenstreckte. Schließlich schreibt Mästlin unumwunden, daß er nicht helfen kann. Die Tübinger Kollegen sind nicht bereit, ihren ehemaligen Magister wieder in ihre Mitte zu nehmen.

So blieb Kepler, der seine endgültige Ausweisung aus der Steiermark kommen sah, nichts anderes übrig, als sich Tübingen aus dem Sinn zu schlagen und sich andernorts umzusehen. Sein Blick fiel auf Prag, den derweiligen Kaisersitz des deutschen Reiches und seit neuestem (Juni 1599) Wirkensstätte Tycho Brahes. Auch ihm hatte Kepler sein *Mysterium Cosmographicum* zukommen lassen. Tychos Urteil war nicht nur zustimmend. Bei aller Anerkennung der bewiesenen Fähigkeiten Keplers mußte er doch das Prinzip verwerfen: «Wenn man die Verbesserung der Astronomie a priori mit Hilfe der Verhältnisse jener regulären Körper erreichen will und nicht a posteriori auf Grund von Beobachtungstatsachen, so werden wir schlechterdings allzu lange, wenn nicht ewig umsonst darauf warten, bis jemand dies zu leisten vermag.» Mit diesen Worten hatte Tycho deutlich die Gegensätzlichkeit gekennzeichnet, die ihn von Kepler trennte.

Der aller Astrologie und Alchimie zugetane Kaiser Rudolf II., von dem man sagte, daß er um dieser Liebhabereien willen seine Staatsaufgaben vernachlässige, hatte Tycho fürstlich bei sich aufgenommen und ihm das etwa 35 Kilometer nordöstlich von Prag gelegene Schloß Benatek als Wohnsitz und Sternwarte zur Verfügung gestellt. Seit August 1599 hatte Tycho sich dort niedergelassen. Sein vom Kaiser bewilligtes Jahresgehalt betrug 3000 Gulden, also das Vielfache von dem, was Kepler in Graz erhielt. Aber man muß hinzufügen, daß Tycho auch einen weit größeren Familien- und Mitarbeiterkreis zu versorgen hatte als Kepler.

Auf eine Anfrage hin lud Tycho freundschaftlich Kepler zu sich auf Schloß Benatek ein. Trotz der kalten Jahreszeit machte sich Kepler, da sich ihm eine gute Gelegenheit als Reisebegleiter des kaiserlichen Hofrates Baron Hoffmann bot, im Januar auf die Fahrt. Zunächst blieb Kepler einige Tage in Prag als Gast des Barons Hoffmann. Sobald Tycho von seiner Ankunft erfahren hatte, schrieb er ihm: «Ihr werdet nicht so sehr als Gast, sondern als sehr willkommener Freund und hocherwünschter Teilnehmer und Genosse bei unseren Himmelsbetrachtungen kommen.» Am 4. Februar 1600 traf Kepler auf Schloß Benatek ein. So standen sie sich nun gegenüber: der dreiundfünfzigjährige Tycho Brahe und der achtundzwanzigjährige Johannes Kepler. Eine Konjunktion von zwei Sternen erster Größe am Himmel der Astronomen.

Es sei daran erinnert, daß in den gleichen Wochen, als die beiden Männer freimütig das Für und Wider der Kopernikanischen Lehre und ihre verschiedenen Auffassungen miteinander bewegten und Zukunftspläne gemeinsamer Arbeit ins Auge faßten, in Rom der Scheiterhaufen errichtet wurde, auf dem am 17. Februar 1600 Giordano Bruno seine geistige Standhaftigkeit der Inquisition gegenüber und gerade auch wegen seines Bekenntnisses zu Kopernikus mit seinem Leben bezahlen mußte.

Tycho war von seiner Familie – zwei Söhnen und vier Töchtern – umgeben und residierte mit dem Bewußtsein eines Souveräns inmitten seiner Assistenten und Studenten. Das Ganze war ein patriarchalisch gelenktes Team. Dem sollte sich der eigenständige Kepler eingliedern. Sachliche und persönliche Probleme standen im Wege. Es kam zu schweren Auseinandersetzungen und Verstimmungen. Kepler zog sich zeitweise nach Prag zurück. Er hatte Tycho gekränkt und war von ihm verletzt worden. Doch der Wille zur Zusammenarbeit war stärker. Kepler kehrte nach Benatek zurück, Pläne für die Zukunft wurden besprochen. Man schied in gutem Einvernehmen und mit Hoffnungen auf künftige gemeinsame Arbeit.

Im ganzen blieb Kepler mehrere Monate in Böhmen. Am 1. Juni kehrte er über Wien nach Graz zurück.

Wie vorauszusehen, traf ihn und über tausend Protestanten bald nach seiner Heimkehr am 27. Juli 1600 ein Dekret des Erzherzogs, nach dem die Betroffenen sich am 31. Juli morgens 6 Uhr in einer bestimmten Kirche einzufinden hatten. Nach einer Predigt des Bischofs unter Anwesenheit des Erzherzogs Ferdinand mit großem Gefolge wurden die Zitierten einzeln aufgerufen und nach ihrem Glaubensbekenntnis gefragt. Wer nicht bereit war, katholisch zu werden und dementsprechend Beichte und Kommunion (!) aufzusuchen und zu empfangen, wurde mit kurzbemessener Frist des Landes verwiesen. Am 2. August war Kepler an der Reihe; das Urteil lautete auf Landesverweisung innerhalb von sechseinhalb Wochen.

Immer noch ist es Mästlin, dem er als seinem alten Lehrer und väterlichen Freund sein Herz ausschüttet. Trotz der angeknüpften Beziehungen zu Tycho und dem Prager Hof und der bisherigen Passi-

Tycho Brahe. Stich von B. G. Heyn

vität Mästlins klammert sich die Hoffnung Keplers an diesen: *... ich möchte mit meiner Familie zu Schiff auf der Donau zu Ihnen kommen, wenn Gott mich das alles überstehen läßt. Ich würde Arzt werden, wenn Sie mir vielleicht zu einer kleinen Professur verhelfen. Denn wahrhaftig: ich, der ich reich zu werden hoffte, bin nun bettelarm geworden. Ich heiratete eine wohlhabende Frau; ihre ganze Verwandtschaft hat dasselbe Los. Ihre gesamte Habe besteht in Liegenschaften, und die sind jetzt äußerst billig, ja sogar unverkäuflich. Alles lauert darauf, sie ohne Bezahlung zu bekommen. Der Fürst* – gemeint ist der Erzherzog Ferdinand – *gab nämlich einen Erlaß her-*

Schloß Benatek

Tycho Brahes Observatorium. Kupferstich

aus, niemand dürfe seinen Besitz, sofern er ihn nicht innerhalb von 45 Tagen verkauft, an einen Anhänger des Papstes verpachten.[16]

Frau Barbara wird es am schwersten gefallen sein, sich von ihrem Heimatland zu trennen und die Stadt zu verlassen, in der sie im letzten Jahrzehnt soviel Freude und Leid erlebt hatte.

Kepler schließt seinen Brief an Mästlin: *Das ist alles so schwer. Aber ich hätte nicht geglaubt, daß es in Gemeinschaft mit den Brüdern so süß ist, unseres Glaubens wegen und um Christi Ehre willen Schimpf und Schaden zu erleiden, Haus, Äcker, Freunde und Heimat aufzugeben. Wenn es beim echten Märtyrertum und bei der Hingabe des Lebens ebenso ist und wenn die Freude mit der Größe des Verlustes wächst, dann muß es leichtfallen, für den Glauben auch zu sterben* ... So wächst Kepler, indem er das Vertriebenen-Schicksal annimmt, über sich hinaus.

Einst war Kepler wider seinen ursprünglichen Willen nach Graz gelangt. Damals hatte er geschwind aus der Not eine Tugend gemacht. Der Theologe war mit Leib und Seele zum Mathematiker und Astronomen geworden, hatte eine Familie begründet und durch sein Erstlingswerk Ruhm geerntet. Sein eigener Rückblick: *Ich wollte Theologe werden, lange war ich in Unruhe. Nun aber seht, wie Gott durch mein Bemühen auch in der Astronomie gefeiert wird.*

Jetzt mußte er wider Willen alles Errungene aufgeben und ein ungewisses Schicksal in neuer Fremde mit Frau Barbara und Stieftochter Regina zusammen auf sich nehmen. Das Ziel seiner Wünsche, eine Professur an der Universität Tübingen, hatte er nicht erreicht. Statt dessen führte ihn das Schicksal nun zurück nach Prag, zu Kaiser Rudolf II., zu Tycho Brahe – zu ungeahnten Arbeitsmöglichkeiten und Leistungen, die seinen überzeitlichen Weltruf begründen sollten.

DAS SCHICKSAL SPRICHT

Mästlin in Tübingen schwieg. Tycho Brahe, der gleichfalls von Kepler über seine Ausweisung aus Graz unterrichtet war, antwortete sogleich: «Zögert nicht, eilt schnellstens mit Zuversicht herbei.»

Am 30. September 1600 machte sich die kleine Familie mit zwei Planwagen, die den Hausrat trugen, auf den Weg. Das erste Ziel war Linz. Dort erwartete Kepler einen Brief von Mästlin vorzufinden – immer noch in der Hoffnung auf einen Ruf nach Tübingen. Vergeblich, Mästlin schwieg. In Linz deponierten die Flüchtlinge ihren Hausrat, um sich freier bewegen zu können. Zu alldem wird Kepler jetzt auch noch von Krankheit befallen. Ein chronisches Wechselfieber (febris quartana) und Husten, der gleichfalls nicht weichen wollte – Kepler vermutete schon Schwindsucht –, hatten ihn ergriffen. So trafen sie in schlechter Verfassung am 19. Oktober in Prag ein. Hier nun endlich erreichte ihn ein Brief von Mästlin. Der letzte auf vier Jahre! Er enthielt für Kepler nicht den geringsten Fingerzeig. «Nur das eine tue ich mit allem Fleiß», schreibt Mästlin, «für Euch und die Eurigen zu beten.» Bei aller Frömmigkeit, die Kepler zu eigen war – in der verzweifelten Situation, in der er und die Seinen sich befanden, konnte er mit d i e s e r Antwort wenig anfangen. Seine Antwort an Mästlin (vom 16. Dezember 1600): *Ich kann nicht beschreiben, welchen tiefsten Grad von Melancholie Euer Brief bei mir verursacht hat, da er alle Hoffnung auf Eure Hochschule zunichte machte. Ich muß also dableiben, bis ich entweder gesund werde oder sterbe.* Trotzdem will er auch jetzt noch nicht die Hoffnung auf Mästlin aufgeben, siebeneinhalb Wochen später fleht er ihn erneut an: ... *ich habe Trost nötig. Ich leide noch immer an dem Wechsel-*

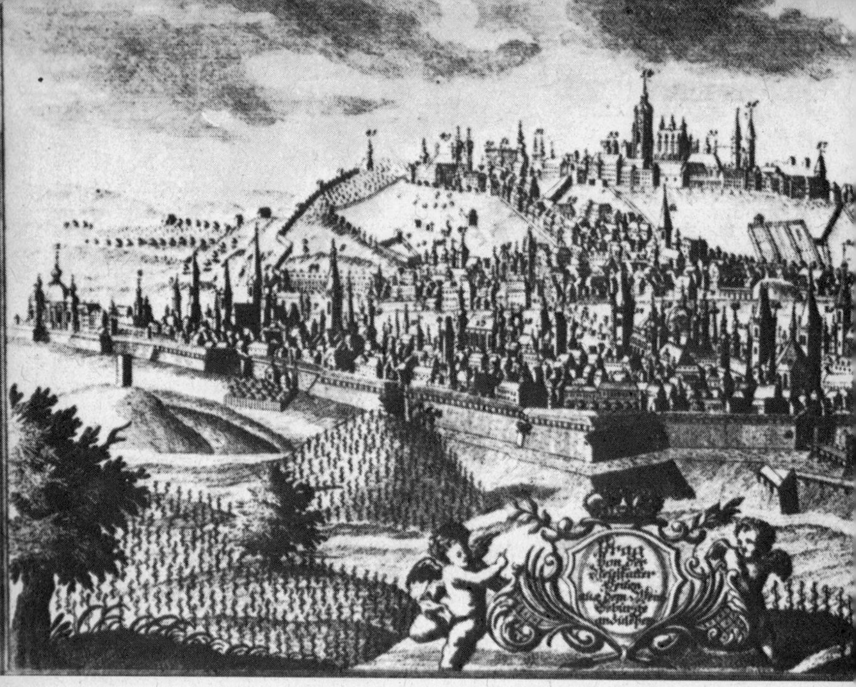

fieber und dazu an einem gefährlichen Husten. Man fürchtet, es könnte Schwindsucht sein, also Lebensgefahr. Nun ist auch noch meine Frau krank, und ich habe während der vier Monate, die ich hier bin, schon 100 Taler ausgegeben . . . nur wenig Geld ist mir geblieben. Tycho verspricht mir viel. Könnte er so handeln, wie er wollte, so wäre niemand zufriedener als ich . . . Die Liebe zur Heimat treibt mich zu Ihnen, wie auch immer das Schicksal der Heimat sein wird . . .[17] Und Mästlin schweigt weiter.

Kepler war nun auf Gnade und Ungnade Tychos angewiesen. Obwohl dieser selbst erst seit 1599 in Prag bzw. Benatek ansässig war, hatte er doch als «Kaiserlicher Hof-Mathematiker» eine feste Position, ein für damalige Verhältnisse gutes Observatorium und genügend Geldmittel. Außerdem hatte ihn kurz zuvor sein erster Assistent Longomontanus (1562–1647) verlassen und war in die dänische Heimat zurückgekehrt. So sah Tycho spontan in Kepler den potentiellen Nachfolger. Er bemühte sich nach Kräften um Kepler, der sich in einer Lage befand, aus der heraus er gezwungen war, anzunehmen, was ihm geboten wurde, ohne eigene Bedingungen stellen zu können. Aber zufrieden war Kepler in keiner Weise. Um der geistigen Freiheit willen hatte er Graz verlassen, nun drohte ihm stärkste Abhängigkeit von einem einzigen Mann, von Tycho Brahe, den er im übrigen als Menschen und auch als beobachtenden Astronomen hochschätzte.

Prag mit der Neustadt.
Kupferstich, 17. Jahrhundert

Aus dieser inneren und äußeren Unsicherheit heraus faßte Kepler im Frühjahr 1601 den Entschluß, noch einmal nach Graz zurückzukehren, um dort aus dem Vermögen seiner Frau Geldmittel flüssig zu machen. Sein Schwiegervater Jobst Müller war kurz zuvor gestorben; nun galt es, den Nachlaß des recht vermögenden Mannes zu ordnen.

Obwohl er des Landes verwiesen war, wurden ihm in Graz keinerlei Schwierigkeiten gemacht. Er blieb den ganzen Sommer dort, von April bis September, und wurde, wie er seiner zurückgebliebenen Frau freudig berichtet, überall als Gast willkommen geheißen. Unter diesen positiven Eindrücken besserte sich sein Gesundheitszustand zusehends.

Mit Brahe gab es ein briefliches, unerfreuliches Intermezzo. Er hatte versprochen, in Keplers Abwesenheit sich auch finanziell seiner Frau anzunehmen. Sie beklagte sich nun in einem Brief nach Graz, daß sie nicht genügend Barmittel zum Leben von Brahe erhalte, und schon schrieb Kepler einen vorwurfsvollen Brief an den Mann, von dem er unter den obwaltenden Umständen in allem abhängig war. Brahe war gekränkt und ließ Kepler durch einen Schüler antworten, der sich die «barschen und bissigen» Worte gegen seinen Meister verbat und Kepler kräftig zurechtwies. Es spricht für Tycho Brahe und für Kepler, daß solche verletzenden Auseinandersetzungen keine bleibenden Folgen gehabt haben.

Anfang September kehrte ein gesunder und durch seine Reise gestärkter Kepler nach Prag zurück. Wenige Tage später konnte Brahe ihn zur Audienz bei Kaiser Rudolf II. geleiten. Gemeinsam erhielten sie den Auftrag, die neuen Planetentafeln herzustellen, die auf Vorschlag Brahes die «Rudolphinischen Tafeln» genannt werden sollten – eine Aufgabe, die erst 26 Jahre später erfüllt wurde.

Kepler konnte zufrieden sein. Tycho Brahe blieb zwar der erste Mann, wie es ihm auf Grund seines Alters – schließlich war er 25 Jahre älter als Kepler – und seiner Lebensleistung zukam. Doch zugleich war der Weg zu selbständiger Arbeit für Kepler frei.

Wenige Wochen nach dieser Audienz beim Kaiser schlug das Schicksal zu. Am 24. Oktober 1601 starb Tycho Brahe. Über seinen Tod ist, ähnlich wie bei Paracelsus, viel gemunkelt worden. Da der Anfall, der nach wenigen Tagen zum Tode führte, bei einem Gastmahl auftrat, wurde Vergiftung nicht ausgeschlossen. Andererseits sprach man von einem Blasenleiden und gab eine Urämie als Todesursache an.

Für Kepler bedeutete der Tod Tycho Brahes die entscheidende Wendung. Alles verlief so, als hätte das Schicksal nur gewartet, Tycho abzurufen, bis Kepler in Prag auch wirklich verankert war. In der Sterbestunde Tychos ist Kepler mit den Familienmitgliedern Brahes zugegen. Tycho fühlt, daß sein Ende gekommen ist. Er beschwört mit letzter Kraft Kepler, er möge die Planetenbewegungen nicht nach dem System des Kopernikus, sondern nach dem seinen darstellen – ihn, der nun der wissenschaftliche Erbe seines Lebenswerkes, der einmalig wertvollen Beobachtungen Tycho Brahes werden sollte. Natürlich konnte Kepler dieser Bitte des Sterbenden nicht nachkommen, es hätte für ihn geistigen Selbstmord bedeutet. Um so dankbarer aber war er für das Erbe, das er nun zu verwalten berufen war. Dieser Dankbarkeit gegenüber der wesentlichen Vorarbeit Tychos hat er bei jeder sich bietenden Gelegenheit Ausdruck gegeben. Um so schmerzlicher war es für ihn, daß die Übergabe und Übernahme des Beobachtungsmaterials Tycho Brahes nicht reibungslos verlief, sondern zu jahrelangen erheblichen Streitigkeiten mit der Brahe-Familie, vor allem mit Tychos Schwiegersohn – seit 1601 durch Heirat der Tochter Elisabeth – Franz Tengnagel führte. Eifersüchtig hockte Tengnagel auf dem Erbe. Drastisch charakterisierte Kepler dieses Verhalten in einem Brief: *Wie ein Hund vor der Futterkrippe, der das Heu nicht frißt, es aber auch keinem andern vergönnt.* Da Tengnagel selbst nicht in der Lage war, den Nachlaß Tycho Brahes gebührend auszuwerten, trifft dieses Bild sehr genau die unerfreuliche Situation.

Um so erfreulicher war das schnelle Handeln Kaiser Rudolfs II. Schon zwei Tage nach dem Tode Tychos erhielt Kepler durch einen Kaiserlichen Rat die Nachricht, daß er zum Nachfolger Brahes ausersehen und sich um die Stelle eines kaiserlichen Mathematikers mit entsprechendem Gehalt bewerben solle. Die offizielle Bestallung ließ nicht lange auf sich warten. Sie erfolgte rückwirkend zum 1. Oktober

Das Grabmal Tycho Brahes in der Teinkirche

1601 mit einem Jahresgehalt von 500 Gulden, also mehr als das Doppelte, was er in Graz erhalten hatte. Mit der Auszahlung des Gehaltes – und damit berühren wir ein Thema, das bis zum Tode Keplers nicht mehr zur Ruhe kommen sollte – hatte es die stets über Kassenebbe klagende kaiserliche Verwaltung nicht so eilig. Nach vielfacher Anmahnung erhielt Kepler am 9. März sein erstes Honorar.

Binnen Jahresfrist hatte sich die Situation grundlegend geändert. Der Land-Vertriebene und Bittsteller Johannes Kepler hatte sich in den bestallten Kaiserlichen Hofmathematikus verwandelt. Als Nachfolger von Tycho Brahe war ihm eine Position zuteil geworden, die

Kaiser Rudolf II.

er sich in Tübingen niemals hätte erträumen können. Das Beobachtungsmaterial Tychos wäre mehr oder weniger sang- und klanglos untergegangen, niemandem wäre wesentlicher Nutzen daraus erwachsen. In den Händen Keplers war es von unschätzbarem Wert. Nicht der Wille von einzelnen Menschen, sondern das Schicksal hatte gesprochen – aber nicht blindes Fatum, sondern lenkende Fügung. So hat es Kepler selbst gedeutet, so hat er es, nach dem Scheitern seiner eigenen Wunschpläne, akzeptiert und aus der Kraft seines Willens aufgegriffen.

Die Verknüpfung des Lebenswerkes von Tycho Brahe mit dem von

Johannes Kepler ist zu einem entscheidenden Bestandteil des Umbruchs vom Mittelalter zur Neuzeit der Menschheit geworden.

Wir können uns den Worten des Kepler-Biographen Max Caspar anschließen: «Je tiefer man in die Ereignisse von Keplers erster Ausweisung an bis zu seiner Ernennung zum Kaiserlichen Mathematiker eindringt, in die Motive, die die handelnden Personen dabei leiteten, in den zeitlichen Zusammenhang, in dem sie zueinander stehen, in die Bedeutung, die sie für die Geschichte der Himmelskunde besitzen, desto klarer erkennt man die Hand einer höheren Fügung.»[18]

Dem religiösen Gemüt Keplers entsprach es, den Ablauf der Dinge in dieser Sicht zu erleben: *Wenn Gott um die Himmelskunde besorgt ist, was zu glauben Frömmigkeit verlangt, so hoffe ich, daß ich auf diesem Gebiete etwas leisten werde, da ich sehe, wie mich Gott durch ein unabänderliches Schicksal mit Tycho verbunden und mich selbst durch die drückendsten Beschwernisse nicht hat von ihm getrennt werden lassen.*

DIE NEUE ASTRONOMIE

Alle äußeren Hindernisse waren nun aus dem Weg geräumt. Johannes Kepler hatte eine Stellung erhalten, die man für alles, was er selbst anstrebte, o p t i m a l nennen kann. Nun mußte sich zeigen, ob er als Mann erfüllen konnte, was er als Jüngling versprochen hatte, oder ob der *Prodromus* (der Vorläufer), ob das *Mysterium Cosmographicum* ein nur zufälliger Erfolg gewesen war.

Seiner hohen Meinung über die Aufgabe der Sternenforschung hatte er einst in einem Brief an Herwart von Hohenburg Ausdruck gegeben: *Da wir Astronomen im Hinblick auf das Buch der Natur die Priester des höchsten Gottes sind, sollten wir nicht auf den Ruhm unseres Geistes, sondern auf den Ruhm Gottes bedacht sein.*[19] Das sind große Worte, aber im Munde Keplers lauter und echt. Sie sind in demselben Sinne gemeint, wie Rudolf Steiner als Dreißigjähriger das höchste Ziel menschlicher Erkenntnis im Sinne Goethes mit dem Satz umriß: «Das Gewahrwerden der Idee in der Wirklichkeit ist die wahre Kommunion des Menschen.» Dies ist die Erkenntnis-Gesinnung, aus der heraus Kepler *Das Weltgeheimnis* geschrieben hatte. Nur so kann ein solches Buch gelesen und verstanden werden. Wer sich darauf nicht einlassen, sondern den «frommen» Kepler aus seinem Werk eliminieren will, erfaßt den geistigen Kern des auf Welterkenntnis gerichteten Keplerschen Grundimpulses nicht.

In bescheidenem Selbstverständnis fügt Kepler seinem obigen Satz hinzu: *Ich bin zufrieden mit der Ehre, mit meiner Entdeckung die Tür des Heiligtums zu bewachen, an dessen Hochaltar Kopernikus den Gottesdienst versieht ...*

Diesem Satz vermögen wir nicht ganz zuzustimmen. Hier verkleinert Kepler seinen Anteil. Mag er 1598 noch berechtigterweise sein

Johannes Kepler. Stich von Jakob v. Heyden

Verhältnis zu Kopernikus in einem solchen Bild gesehen haben – nach Erscheinen der *Harmonices mundi* (1619) kann es nur heißen: Kopernikus versah den Dienst an der Türschwelle, Kepler selbst stand am Hochaltar. Doch gerade das gilt es nun im weiteren zu verstehen.

In den ihm verbleibenden drei Jahrzehnten war Kepler rastlos fleißig und produktiv. Sollte das *Mysterium Cosmographicum* ein Präludium, ein Vorläufer zu einem zu schaffenden Gesamtwerk sein, so mußte sich Kepler jetzt daranmachen, seine Grundgedanken auch auf der Ebene zu verifizieren, auf der die Menschheit und die Repräsentanten der Naturforschung im 17. Jahrhundert angelangt waren und für die Galilei repräsentativ war. Jetzt mußte er seine Grundgedanken in die Sprache der Mathematik übersetzen lernen. Kaum hatte sich seine äußere Lage in Prag gefestigt, begab sich Kepler bewußt an diese gewaltige Aufgabe. Die *Astronomia Nova*, bei deren Fertigstellung und Druck große Schwierigkeiten zu überwinden waren – das Werk erschien 1609 in Heidelberg –, enthält die Lösung.

Es ist für die Neuzeit ein gültiges Gesetz: Wer etwas zu verkünden hat, muß sich selbst gefunden haben. Für einen Wissenschaftler heißt dies zugleich: er muß seine eigene Methode gefunden haben und sie bewußt praktizieren können.

Auch in dieser Hinsicht war die Begegnung mit Tycho Brahe als einem Könner in seinem Fach für Kepler höchst förderlich. Gerade weil er mit Tycho in der Wertung der Kopernikanischen Lehre keine Gemeinsamkeit gefunden hatte, mußte ihm viel daran gelegen sein, die Art und Weise der Tychoschen Forschung zu durchschauen und seine eigene davon bewußt abzusetzen.

Schon bei seinem ersten Besuch in Prag hatte Kepler die Arbeitssituation, in der sich Tycho befand, klar erkannt: *Tycho besitzt die besten Beobachtungen und damit gleichsam das Material zur Aufführung eines neuen Gebäudes; er hat auch Arbeiter und alles, was man sonst wünschen mag. Es fehlt ihm nur der Architekt, der dies alles nach eigenem Plan benützt. Denn wenn er auch eine recht glückliche Veranlagung und wirklich architektonisches Geschick besitzt, so hat ihn doch die Vielfältigkeit der Erscheinungen sowie die Tatsache, daß die Wahrheit in den einzelnen recht tief versteckt liegt, am Weiterkommen gehindert. Nun schleicht das Alter an ihn heran, das den Geist und alle Kräfte schwächt oder nach wenigen Jahren so schwächen wird, daß er schwer alles allein bewältigen kann.* Erstaunlich ist, mit welcher Sicherheit der damals achtundzwanzigjährige Kepler die Lage des dreiundfünfzigjährigen Tycho durchschaute. Dieser war zu dem Zeitpunkt ihrer ersten Begegnung nicht mehr in der Lage, selber der Architekt zu sein, um aus den eigenen Materialien – den Beobachtungsresultaten – ein allseits befriedigendes Weltgebäude zu errichten. Andererseits verhinderte aber sein Mißtrauen, daß ein anderer zu seinen Lebzeiten souverän über die Materialien Tychos hätte verfügen können. Gerade dieses Mißtrauen hatte Kepler reichlich zu spüren bekommen. Nun aber hatte der Tod entschieden. Kepler konnte darangehen, die Materialien zu ordnen und alles in das Gebäude einer Neuen Astronomie (*Astronomia nova*) als Architekt im Geiste zusammenzufügen. Daß auch diese ihm durch Fügung zugespielte Mission nicht reibungslos erfüllbar war, gehört wohl zum spezifischen Schicksal des Johannes Kepler. Denn nun meldeten sich jene Schwierigkeiten mit der Erbengemeinschaft Tychos, vertreten durch Tengnagel, die wir schon oben berührten.

Kepler sah keinen Anlaß, sich auf eine Verteidigungsposition zu beschränken. So fordert er aggressiv die Theologen heraus: *Die Bibel ist kein Lehrbuch der Optik und Astronomie – widersetzt euch diesem Mißbrauch, ihr Theologen!* Für ihn ist endgültig die Zeit abgelaufen, da von seiten der Kirche und der Theologie die freie Erforschung der Natur willkürlich begrenzt werden konnte: *Auf die Meinung der Heiligen über die natürlichen Dinge antworte ich mit einem einzigen Wort: In der Theologie gilt das Gewicht der Autoritäten, in der Philosophie das der Vernunftgründe ... heilig ist das Officium unserer Tage, das die Kleinheit der Erde zugibt, aber ihre Bewegung leugnet – heiliger ist mir die Wahrheit. – Wer zu einfältig ist, die Astronomie zu verstehen, oder zu kleinmütig, um ohne Angst für seine Frömmigkeit dem Kopernikus zu glauben, dem gebe ich den guten Rat, die Schule der Astronomen zu verlassen und sich seinen Geschäften zu widmen.* Das war deutlich. Das konnte Kepler sich 1609 in Prag leisten. In Rom, Bologna, Florenz, Padua wäre er bald hinter den Mauern eines Inquisitionskerkers verschwunden.

Die *Neue Astronomie* ist dem Kaiser Rudolf II. (1552–1612) gewidmet, die *Weltharmonik* dem König von England Jakob I. (1566 bis 1625), dem Sohne der Maria Stuart. Auch diese zwiefache Wahl bekundet, in welche Richtung Kepler geistig zielte – sind doch diese beiden Männer Repräsentanten für Thronverwalter Europas, die zugleich auch Geistsucher waren. Daß Rudolf II. außerdem eine problematische Natur war, den man später zwang, frühzeitig seinem Nachfolger den Platz zu räumen, spricht gegen ihn als Staatsmann, nicht aber gegen den Menschen, der unter anderem die Begegnung Brahes und Keplers ermöglichte. Von Rudolf II. und Jakob I. ist zu vermuten, daß sie auf irgendwelchen Wegen mit der Esoterik ihrer Zeit verbunden waren und Bestrebungen förderten, die mit echtem Rosenkreuzertum zusammenhingen.

Der Untertitel der *Neuen Astronomie* lautet: *Ursächlich begründet oder Physik des Himmels; dargestellt in Untersuchungen über die Bewegungen des Sternes Mars. Auf Grund der Beobachtungen des Edelmannes Tycho Brahe.*

Hier wird der Knotenpunkt berührt, in dem sich die Arbeiten Tychos und Keplers zu einem einzigen Werk verschlingen. In der Widmung an Rudolf II. – er wählt das Bild eines Kriegszuges gegen den Planeten Mars – spricht es Kepler aus: *Ganz besonderes Lob verdient hier der Fleiß Tycho Brahes ... des obersten Anführers in diesem Feldzug. Er hat unter dem Schutze der dänischen Könige Friedrich II. und Christian und schließlich auch Ew. Heil. Kais. Majestät fast ohne Unterbrechung in den Nächten von 20 Jahren alle Gewohnheiten unseres Feindes ausgekundschaftet, die ganze Art seiner Kriegsführung beobachtet, alle seine Pläne aufgedeckt und diese bei seinem Tode in Büchern aufgezeichnet hinterlassen.*

Als ich mit dem Rüstzeug dieser Bücher dem Brahe in seinem Amte folgte, legte ich zuerst alle Furcht vor dem ab, den ich bereits ziemlich kennengelernt hatte ...

Im Anschluß an die Widmung bringt Kepler drei Epigramme, von denen das dritte hier folgen möge:

Kepler, ein Sprößling der Erde, die Himmel sucht er zu stürmen.
Welche Leiter ihn trägt, frag' nicht, die Erde ja fliegt.
J. Seussius, Dresden

Mit diesem Johannes Seussius, einem Kurfürstlich sächsischen Rat in Dresden, war Kepler befreundet, und sicher tat es ihm wohl, diese Zeilen der Zustimmung seinem Buch vorausschicken zu können.

Die Einleitungen zur *Neuen Astronomie* sind von dem gleichen hymnischen Ton getragen, den wir schon vom *Weltgeheimnis* her kennen. Er erhebt sich hier in höchste Höhen, um der rätselhaften Schicksalsverknüpfung der beiden Astronomen-Fürsten ehrfurchtsvoll Ausdruck zu geben.

Zunächst bringt Kepler Worte Tycho Brahes zum Abdruck, in denen dieser die Adepten um Hilfe ruft, den Himmel, der in Gefahr ist zu stürzen, neu zu gewinnen:

Laßt die Maulwürfe hausen in ihren finsteren Löchern,
Wo sie immerfort blind vegetieren,
wie sie es wünschen . . .
Verlaßt die Menge,
Hierher eilet! Und gebet dem Geist,
dessen Heimat der Himmel,
Gebt ihm sein heimatlich Glück.
. . .
Steigt mit mir hinauf zum Olymp mit rüstigen Kräften,
Um noch zur richtigen Zeit die klaffenden Risse zu schließen
Und mit neuem Gebälk die Decke des Himmels zu stützen,
Jetzt, bevor es zu spät und das ganze Gebäude zerberstet.

Schwerlich hätte Tycho Brahe seine große Sorge um den Fortgang der Sternenkunde und vor den Folgen falscher Himmelsdeutung reiner als mit diesen Worten aussprechen können. Er schließt seinen Aufruf mit den Zeilen:

Wer ist da, der es wagt, um die herrliche Krone zu ringen,
. . .
Wer, dessen Seele hinauf sich schwingt zu den Seelen der Sterne?
Wer ist unter der zahllosen Schar, die die Erde bewohnt,
Wer, dessen Herz und Gemüt erfüllt so hohes Verlangen?
Wer auch spüret den Drang, den Gründer der Welt zu erkennen,
In dem herrlichen Werk, das er am Himmel zur Schau stellt?
Wollt ihr euch alle verziehen, wo solche Forschungen winken?
Wollt ihr noch zaudern? Nein, es gilt die Arbeit zu packen,
Um doch endlich einmal zu enthüllen des Himmels Geheimnis.[20]

Ihm antwortet Kepler, indem er Tycho Brahe Dank ausspricht. Er nimmt das Bild Tychos vom gefährdeten Himmelsgewölbe auf und macht zugleich mutig die Differenz zwischen ihnen beiden deutlich:

Ich untersucht' nun zuerst der Planeten gewöhnliche Bahnen
Und die böse Gefahr, die die rissigen Mauern bedrohte,
Da die Säulen der Welt bereits ins Wanken gerieten.
Dunkel auf den Ursachen lag. Der Chor der gelehrten
Wahrheitssucher vertraut dem Prutenischen Meister.

Der *prutenische Meister* ist natürlich Nikolaus Kopernikus, den die fortschrittlichen Astronomen problemlos annahmen, den aber die reaktionären, von den Kirchenbehörden gelenkten, nach wie vor bekämpften. Nur Tycho und Kepler hatten sich ihre eigene freie Sicht nicht nehmen lassen. Beide sahen in der Tat des Kopernikus den Durchbruch zu einem neuen Weltbild. Aber dann schieden sich die Wege. Tycho folgte dem Kopernikus, soweit er die Planeten um die Sonne kreisen sah – aber nicht in dem anderen Gedanken, daß auch die Erde sich um sich selbst u n d um die Sonne bewegt. Er hielt an der Erde als ruhendem Pol des Weltalls fest. Kepler hingegen nahm das Prinzip des Kopernikus auf. Ihm ist die dreifache Bewegung der Erde die Grundvoraussetzung für alles weitere Verständnis unseres Planetensystems mit dem Mittelpunkt in der Sonne. Aber er bezweifelte die aristotelische Lehre, daß die Himmelskörper bei konstanter Geschwindigkeit Kreisbahnen beschreiben. Gegen diese Anschauung schrieb er seine *Astronomia Nova*, ein gewaltiges Werk von weit über 300 Großfolioseiten. Es bedarf keiner geringen Anstrengung, sich Seite für Seite dieses Buches zu erarbeiten. Die Widmung, Vorworte und Einleitung sind diktiert von dem ideengetragenen «Mystiker» Kepler. Dann übergibt er dem Mathematiker die Regie. Und dieser nimmt keine Rücksicht auf Leser, die seiner Sprache nicht zu folgen vermögen. Von Zeit zu Zeit kristallisiert er in Leitsätzen das erarbeitete Resultat. Das aber sind im wesentlichen die beiden «Keplerschen Gesetze», die bis heute im Prinzip von der modernen Astronomie als Grundlage ihrer Forschung anerkannt werden.

Sie lauten: *Die Planetenbahn ist kein Kreis, sondern eine ovale Figur* (Schluß des 44. Kapitels). Aus dieser These folgert das «erste Keplersche Gesetz»: Die Planeten bewegen sich in Ellipsen, in deren einem Brennpunkt die Sonne steht.

Das «zweite Keplersche Gesetz»: *Die Radiensektoren beschreiben in gleichen Zeiten gleiche Sektoren* – oder: Der Fahrstrahl beschreibt in gleichen Zeiten gleiche Flächenstücke der Ellipse.

Wer die *Neue Astronomie* gleichsam als Fortsetzung des *Weltgeheimnisses* liest, wird sich wie von selbst vor die Frage gestellt sehen: Hat Kepler in den sieben Jahren, die ungefähr zwischen der Abfassung der beiden Werke liegen, seine Forschungsweise grundlegend geändert? Verleugnet er nicht in der *Neuen Astronomie* alle Forderungen, die er im *Weltgeheimnis* erhoben hat?

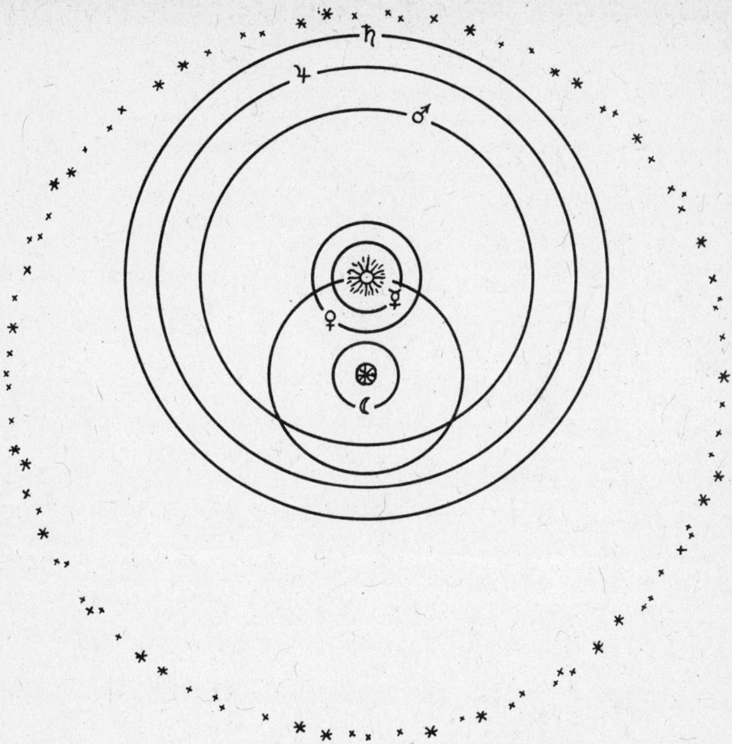

Weltbild des Tycho Brahe

Man erhält den Eindruck, aus dem deduktiven a-priori-Forscher, der vom Geist ausgeht und die sichtbare Erscheinungswelt nur als Gleichnis der übersinnlichen Welt nimmt, ist der induktive a-posteriori-Wissenschaftler geworden, der nur die meßbaren Tatsachen als Objekt seiner Erkenntnisbemühung anerkennt. Methodisch spricht in der *Neuen Astronomie* Kepler als Mitbegründer der modernen Astronomie, die ausschließlich auf Beobachtung und mathematischer Interpretation basiert.

Und doch trennt ein Abgrund Kepler von Isaac Newton, der in der Entwicklung der modernen Naturwissenschaft der authentische Erbe und Fortsetzer sowohl von Galilei wie von Kepler geworden ist.

Wir kehren noch einmal zu den Epigrammen zurück, mit denen Kepler die *Neue Astronomie* einleitet. Nachdem er – siehe oben – vom *prutenischen Meister* gesprochen hat, fährt er unmittelbar fort:

Da legt' ich Hand ans Werk, in der Hoffnung, es werd' mir gelingen,
Um mit neuem Gebälk die Decke des Himmels zu stützen.
Treffliches Bauholz lieferte mir mit der Fünfzahl der Körper
Jener von Samos, Euklid gab die Richtschnur, Pallas die Einsicht
Und Urania spendete oft durch ihre Adepten
Beifall und kündete fröhlich gestimmt die Feier des Sieges.

So sah Kepler seiner selbst bewußt mit berechtigtem Stolz seinen Sieg über den Planeten Mars, durch den er die allgemeinen Planetengesetze gefunden hatte. Und wieder finden wir den Hinweis auf seine geistige Ahnenschaft: auf den *von Samos* (d. h. Pythagoras), auf die *Fünfzahl der Körper* Platons, auf Euklid.

Dann fährt er fort:

Du hast, Brahe, mein Wagen bestaunt, mein fröhliches Schaffen.
Viele Zweifel trugst du in dir über Himmel und Erde.
Dennoch nahmst du mich auf zu dir in die Zahl der Genossen
Ließest gerne mich sehen, was immer in zahllosen Nächten
Sich dir gezeigt, und so schufst Licht du meinem Beginnen.

Diese Zeilen legen erneut Zeugnis des Dankes gegenüber Tycho Brahe ab und sind zugleich gerichtet an Tengnagel, der ihm keineswegs gerne Einblick in das Beobachtungsmaterial Brahes gab, weil er wußte, daß Kepler anderen Gebrauch als Tycho Brahe davon machen würde. So ließ Tengnagel es sich auch nicht nehmen, selbst ein kurzes Vorwort zur *Neuen Astronomie* hinzuzufügen, in dem er Kepler etwas widerstrebend anerkennt. Zugleich aber glaubt er, den Leser aufmerksam machen zu müssen, auf daß er sich «nicht durch die Freiheit, mit der Kepler in gewissen, namentlich physikalischen Darlegungen von Brahe abweicht, verwirren lasse». Kepler hat die Großzügigkeit, diesen Sermon Tengnagels *Dem Leser zum Gruß!* abzudrucken.

Sein Verhältnis zu Brahe muß er anders als Tengnagel sehen, und so fährt er fort:

O warum lebst du nicht mehr! Warum hat die Parze entrissen
Dir den verdienten Triumph, den Lohn für dein rühriges Sammeln?
Kund hätte dir sie getan: Nicht dem Auge, nicht Instrumenten,
Wären sie noch so fein, enthüllt sich des Himmels Geheimnis
Anders als in Bahnen, wie mein Gerüste sie sichert.

Hier spricht der Kepler des *Mysterium Cosmographicum*, der sich nun in der *Neuen Astronomie* des Auges und der Instrumente Tycho Brahes sauber und redlich bedient hat, um das gottgeschaffene Werk der Natur entziffern zu können. Indem er das Unzureichende des Astronomen Tycho Brahe in der Überschätzung der einseitigen Beobachtung und im Mangel an spiritueller Deutung fast schonungslos kennzeichnet, steigert er sich zugleich zu höchster Verehrung des meisterlichen Lehrers:

Nun da die Parzen so schnell uns geraubt den trefflichen Führer,
Da die Feier des Siegs, die festlichen Tage des Jubels,
Statt ihm Freude zu geben, durch seinen Hingang gestört sind,
Kann ich Besseres tun, als dich voll Verehrung, o Meister,
In einem Bild, wie mein Auge es schaut, zum Leben zu wecken:
Als ein Hoherpriester des Herrn, im Sternengewande
Stehst du da. Ein Altar erhebt sich in bläulichem Tempel,
Gott dem Schöpfer geweiht. Eine sechsfach gegliederte Kuppel
Dreht sich im Kreis und daran sechs Leuchten in reißendem Umschwung,
In der Mitte den strahlenden Glanz des ewigen Lichtes.

Das ist wieder der andere Kepler, den die moderne Astronomie nicht kennt, nicht kennen will. Denn diesem Kepler ist die übersinnliche Welt noch eine Realität und sein Instrument der Wahrnehmung dieser Seite der Welt die Fähigkeit geistiger Imagination. Aus einer solchen Kraft der eigenen Seele widmet er der unsterblichen Entelechie Tycho Brahes diesen Hymnus, in dessen Schluß er sich selbst wieder einbezieht:

Demütig nahe ich mich, das Buch hier in Händen als Gabe.
Duftender Weihrauch möge es sein dem Schöpfer des Weltalls,
Weihrauch, deinen Bäumen entquollen, mit deiner Erlaubnis
Eifrig gesammelt von mir. Ich bring ihn, erhoben die Hände.
Reinen Sinnes opfere ihn! Ich folg' dir in Inbrunst
Bete ich fromm mit dir: Der weise Begründer des Himmels
Helf' mir bei meinem Bemühn, das Werk seiner Allmacht zu deuten.

Johannes Kepler hat die Theologie nie aufgegeben und sich dann der Astronomie zugewandt. Kepler ist als Theologe Astronom geworden. Die neue Astronomie ist ihm ein Teil der neuen Theologie. Naturforschung ist ihm heiliger Dienst im Tempel der Natur.

An Stelle des Buches der Bücher, der Bibel, der Offenbarung in Menschenwort und Schrift, hat Kepler das andere Buch aufgeschlagen, das Buch der Natur, der göttlichen Schöpfung. So wie zum Verständnis der Bibel, um sie im ursprünglichen Text lesen zu können, unter anderem Sprach- und Geschichtskenntnisse vorausgesetzt werden müssen, sind zur Entzifferung der Natur auch spezielle Vorkenntnisse erforderlich. Wir nennen es heute exakte Beobachtung und Anwendung der mathematischen Denkweise. Kepler und Galilei waren sich in der Anerkennung dieser Erfordernisse einig und haben jeder in seiner Weise entscheidend zur Förderung der «exakten Naturforschung» beigetragen. Galilei ging jedoch im wesentlichen in diesem Tun auf: «Wer naturwissenschaftliche Fragen ohne Hilfe der Mathematik lösen will, unternimmt Undurchführbares.» An diesen Leitsatz hat Galilei sich gehalten und damit seiner eigenen Forschung die Grenzen gesetzt. Auch Kepler hat die mathematische Behandlung der exakten Beobachtungen Brahes meisterlich gehandhabt. Insofern sind Galilei und Kepler nach Kopernikus die Männer, die im Anbruch der Neuzeit der gesamten Naturforschung den Weg weisen. Nur wollte Johannes Kepler mehr. Für ihn war die Beherrschung der sogenannten exakten Methode das Handwerkszeug, zu dessen Handhabung man fähig sein muß. Aber sowenig es genügt, Philologe und Historiker zu sein, um die göttlichen Offenbarungstexte des Alten und des Neuen Testamentes auslegen zu können, so wenig genügend ist für Kepler die quantitative Methode Galileis, das Buch der Natur geistig lesbar zu machen.

Wenn auch die *Neue Astronomie* die Krönung des Schaffens Keplers in Prag bedeutete, so dürfen dennoch nicht die anderen Werke aus dem Jahrzehnt 1601 bis 1611 übersehen und unterschätzt werden. Mit kühnem Griff gelang es ihm, zwei Wissenschaften, die in der Wirklichkeit aufs engste verbunden sind, aber theoretisch getrennt wurden, zu einer zu verbinden: Astronomie und Optik. Als erstes Resultat dieses Bemühens erscheint 1604 *Astronomiae Pars Optica* (*Der optische Teil der Astronomie*).

In enger Verknüpfung mit seinen, ihm von Tycho übertragenen Mars-Studien greift Kepler in dieser Arbeit in erster Linie das Problem der Lichtbrechung bei kosmischen Körpern auf. Lichtstrahlen werden durch das Medium, das sie durchlaufen, sei es Wasser oder Luft, in ihrem Verlauf abgelenkt, «gebrochen». Bekannt ist das Phänomen, daß die Lichtstrahlen der am Horizont stehenden Sonne durch die Dunsthülle gebrochen werden und dadurch der geometrische Ort der Sonne erhöht erscheint. Will man zu sicheren Daten in der Sternenkunde kommen, so muß die Fehlerquelle, die durch die atmosphärische Strahlenbrechung gegeben ist, auf mathematischem Wege ausgeschaltet werden. Sonst bleiben alle Angaben über Gestirnshöhen ungenau. Eine neue Astronomie, deren berechtigtes Ideal es ist, mathematisch so präzise zu sein wie der Sternengang selbst, war nur erreichbar, wenn über die Gesetze der Lichtbrechung einwandfreie Klarheit gewonnen war. Es gehört zu den unvergänglichen Verdiensten Keplers, dies bewirkt zu haben: er wurde damit zugleich der Begründer der neuzeitlichen Optik. Er – nicht Galilei – lieferte für die Lichtlehre das Fundament, auf dem der Holländer Christiaan Huygens (1629–95) und der Engländer Isaac Newton (1643–1727) aufbauen konnten.

Im wesentlichen hat Kepler dieses Werk 1603 geschaffen, Neujahr 1604 konnte er die Handschrift dem Kaiser überreichen, bald darauf wurde es gedruckt.

Im Herbst 1604 fand eine Konjunktion von Saturn und Jupiter statt, ein Ereignis, das etwa alle zwanzig Jahre sich wiederholt. Auch der Mars stand damals in Nähe, so daß eine ungewöhnliche Konstellation der drei obersonnigen Planeten eintrat. Unschwer können wir uns die Überraschung und Erregung aller Sternengläubigen – wer war es damals nicht? – vorstellen, als sich zu den drei bekannten oberen Wandelsternen nun ein vierter im Sternbild des Schlangenträgers sich hinzugesellte, mit einer Leuchtkraft, die noch die des Jupiter übertraf. Kepler selbst hatte es zunächst nicht annehmen wollen, als ihm ein Sternenfreund diese unwahrscheinliche Nachricht überbrachte: ein neuer Stern!

Hier war nun der kaiserliche Astronom aufgerufen, das einmalige Phänomen zu deuten: Die große Konjunktion von Saturn, Jupiter und Mars im neuen Feuer-Trigon. Kepler liefert einen ersten Bericht, in dem er seinen Humor, seine überlegene Geistigkeit und Weltfrömmigkeit gegen die Sensationsgier seiner Mitwelt ausspielt. Zwei Jahre später folgt im gleichen Sinne die Schrift: *De Stella Nova* (*Der neue Stern*), in der er den neuen Stern als Fixstern deutet.

Von nun ab war Keplers Weg als Astronom und Astrologe klar vorgezeichnet: ein Gratweg, der gleich weit entfernt von einem materialistisch entgötterten Weltbild und den Dunstwolken des Aberglaubens verläuft. Diese Haltung hat Kepler bis zu seinem Lebensende unbeirrt eingehalten. In einem Brief an einen unbekannt gebliebenen Adeligen schrieb er in jenen aufregenden Tagen, als der neue Stern entdeckt war, daß er zu dem Ereignis nur in der ihm gemäßen Art Stellung nehmen könnte, *sintemal Gott mich keines anderen Lehrmeisters erwürdigt hat als meiner Augen, Ohren, Bücher, Vernunft und natürlicher, unfehlbarer Philosophie.* Mit anderen Worten: Kepler wußte sich auf einem gültigen Erkenntnisweg, der nur über eigenes Wahrnehmen und Denken zum Ziele führt. Er weigerte sich, beides, sowohl die Wahrnehmung wie das Denken (Vernunft, Philosophie), auf die Sinneswelt zu beschränken. Nach Kepler gab die Gottheit dem Menschen die Vernunft, um beide Welten, die sinnliche und die übersinnliche, denkend zu erkennen.

Indem Tycho Brahe Johannes Kepler nach Prag berief, ihm sein Beobachtungsmaterial übergab und ihn gleichzeitig mit der Erforschung des Planeten Mars und seiner Sonnenumläufe beauftragte, hat er nicht nur bestimmenden Einfluß auf das Schicksal Keplers, sondern des Abendlandes und damit der Menschheit schlechthin genommen.

Durch seine Mars-Studien begründete Kepler die moderne Astronomie und wurde, wie wir sahen, wie von selbst gezwungen, sich gründlich mit der Optik zu befassen. So wurde er auch der «allgemein anerkannte Begründer der neuzeitlichen Optik». Es lohnt sich, auch diese Spur im weiteren Schicksalsgang Keplers zu verfolgen – selbst in der uns gebotenen Kürze.

Sieben Jahre nach der *Astronomischen Optik*, zwei Jahre nach der *Neuen Astronomie* erscheint ein neues Buch Keplers: *Dioptrice* = *Dioptrik*, das heißt *Lehre von der Lichtbrechung und der astronomischen Teleskopbeobachtung* (1611). Wieder ist es eines seiner Meisterwerke, ungleich geringer im Umfang als die bisher genannten Schriften, aber ebenso klar und gedanklich durchsichtig geschrieben.

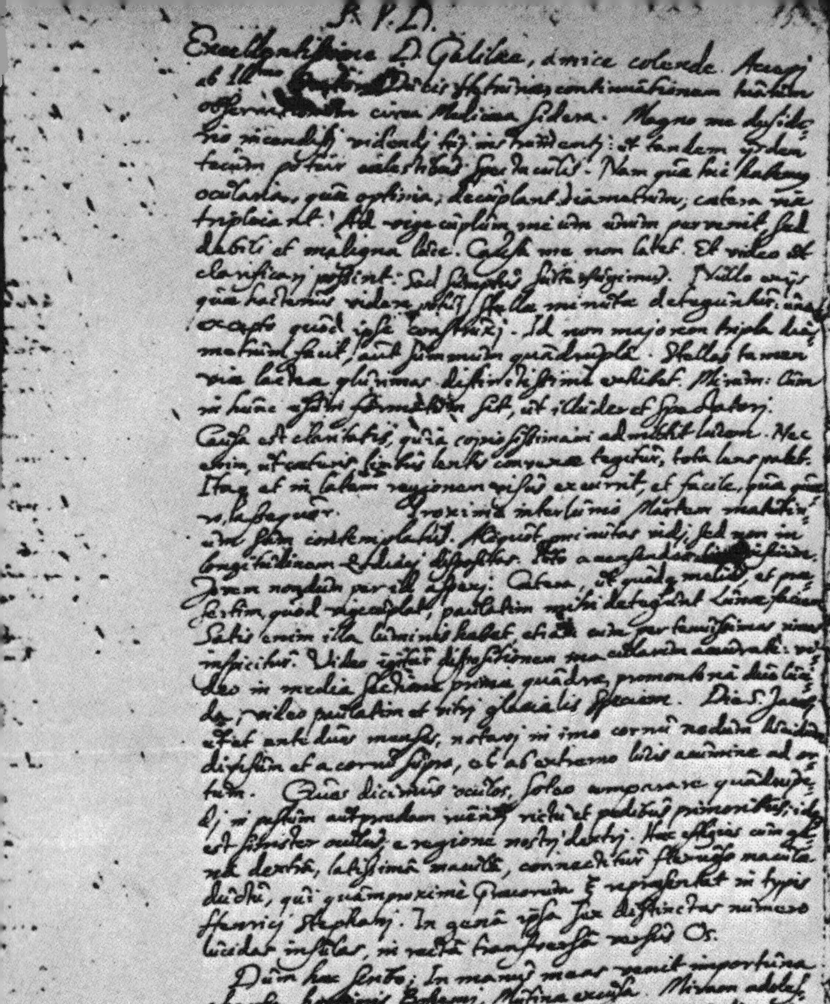
S. P. D.

Excellentissime D. Galilaee, amice colende.

Keplers Bericht an Galilei über eigene Fernrohr-Beobachtungen in Prag. September 1610

Auch hier spricht Schicksal eine deutliche Sprache. Ohne Tycho hätte die *Neue Astronomie* nicht entstehen können, die *Dioptrik* nicht ohne Galilei. Denn in diesem Buch geht es um das Fernrohr und die durch dasselbe ermöglichten Entdeckungen. Ob und inwiefern Galilei der «Entdecker» des Fernrohres war, ist eine Sache für sich. Gewiß ist, daß er als erster das Fernrohr praktisch nutzte und durch die Mitteilung dessen, was er auf diese Weise auch als erster Mensch gesehen hatte, außerordentliches Aufsehen erregte. Seine «Sternenbotschaft» zeugt sowohl von dem an Anmaßung grenzenden Selbstbewußtsein Galileis, so wie es anschauliche Kunde gibt von den überraschenden Formbildern der Mondgebirge, der Auflösung der Milchstraße in einzelne Sterne und der erstmaligen Entdeckung der vier Jupiter-Monde, die Galilei mißverstehend Planeten nannte. Dies alles mußte Kepler in höchstem Maße aufregen. Am 8. April 1610 hatte er Galileis Schrift zum erstenmal in Händen. Schon am 19. April schickte er seine Antwort an Galilei – die er gleichzeitig selbst in den Druck gab: *Dissertatio cum Nuncio Sidereo* (*Unterredung mit dem Sternenboten*). Wieder einmal offenbart diese Schrift die überlegene Geistigkeit Keplers, die mit einer geradezu «spritzigen» Phantasie verbunden ist. So ruft er unter anderem zur Weltraumfahrt mit entsprechenden Luftschiffen auf, um Antwort auf die Frage nach möglichen Bewohnern auf dem Mond und dem Jupiter zu erlangen. Auf den ersten Blick erkennt er, daß die vier Trabanten des Jupiter keine Planeten, sondern Monde sind. Begeistert stimmt er im Prinzip Galilei zu, vornehm zurückhaltend weist er ihn gelegentlich in seine Schranken. Kaum hält er es aus, bis er selbst durch ein Fernrohr all die Wunderdinge, von denen Galilei berichtet, selbst gesehen hat. Und wieder ist es der «eigentliche» Kepler, der auch in dieser Schrift sich bekundet: *Die Geometrie ist einzig und ewig, ein Widerschein aus dem Geiste Gottes. Daß die Menschen an ihr teilhaben, ist mit eine Ursache dafür, daß der Mensch ein Ebenbild Gottes ist.*

So führt ein geradliniger Weg von der *Astronomischen Optik* über die *Unterredung mit dem Sternenboten* zur *Dioptrik*, in der Kepler nun seine eigenen Beobachtungen, mit selbstkonstruiertem Fernrohr erworben, im Lichte seiner Gedanken vorträgt. *Ein Buch, das nicht so leicht zu verstehen ist und das nicht nur einen fähigen Kopf voraussetzt, sondern auch eine besondere geistige Aufmerksamkeit und ein unglaubliches Verlangen, die Ursachen der Dinge verstehen zu lernen.*

Was dann folgt, ist eine gründliche, wohldurchdachte Theorie des Strahlenganges des Lichtes durch Linsen und Linsensysteme: die wissenschaftliche Fundierung der optischen Praxis. Während die Sprache in der *Dioptrik* jede Gefühlsäußerung vermeidet und in 141 Sätzen in äußerster Sachlichkeit die Probleme erörtert, preist er in der Vorrede enthusiastisch das Fernrohr: *O du vielwissendes Rohr, kostbarer als jegliches Szepter! Wer dich in seiner Rechten hält, ist er nicht zum König, nicht zum Herrn über die Werke Gottes gesetzt!*

Galilei war über Keplers «Schützenhilfe» begeistert. Gewisse Vor-

Johannes Matthäus Wackher von Wackhenfels

würfe übersah er geflissentlich, so den einleitenden Satz der *Dissertatio* Keplers: *Schon lange saß ich untätig zu Hause herum, immer nur in Gedanken an Dich und einen Brief von Dir . . . es müsse doch sein, glaubte ich, daß unter anderen auch Galilei, der Fähigste von allen, brieflich mit mir über die von mir verkündete neue Art der Astronomie oder Himmelsphysik in Gedankenaustausch trete und den vor zwölf Jahren begonnenen, aber abgebrochenen Briefwechsel wiederaufnahm.* Wie gesagt, Galilei überhört diesen Vorwurf. Er antwortet zwar, nachdem ihm Kepler noch mehrfach schrieb, vier Monate später – aber gerade diese Antwort zeigt, daß Galilei für Kepler kein rechtes Interesse aufbrachte, sondern ihm nur an dessen Zustimmung zu seinen eigenen Arbeiten gelegen war. Wir wissen, daß Galilei sich mit der Zustimmung Keplers Dritten gegenüber brüstete. Denn selbstverständlich war die Anerkennung durch den

«Kaiserlichen Mathematiker» für den zum damaligen Zeitpunkt recht umstrittenen Galilei, Professor zu Padua, von großer Bedeutung. Aber wir haben nicht den geringsten Hinweis, daß Galilei die *Neue Astronomie* auch nur gelesen oder später das dritte Keplersche Gesetz auch nur zur Kenntnis genommen hat.

Diese Einseitigkeit ihrer Schicksalsbeziehung gehörte zu den tiefen Lebensenttäuschungen Keplers.

Als besondere Neujahrsgabe 1611 überreichte Kepler dem Hofrat des Kaisers, seinem Freund und Gönner, Johannes Matthäus Wackher von Wackhenfels die kleine Schrift: *Über den hexagonalen* (sechseckigen) *Schnee.* Voller Humor treibt hier Kepler mit dem lateinischen Wort für Schnee: Nix und dem deutschen Nichts seine Wortspiele, um dann um so ernsthafter auf das Naturwunder der hexagonalen Kristallisation des Schnees einzugehen. Der unerhörte Reichtum an Formvariationen der sechsstrahligen Schneeflocken hat es ihm angetan. Einmal aufmerksam geworden, entdeckt er diesen

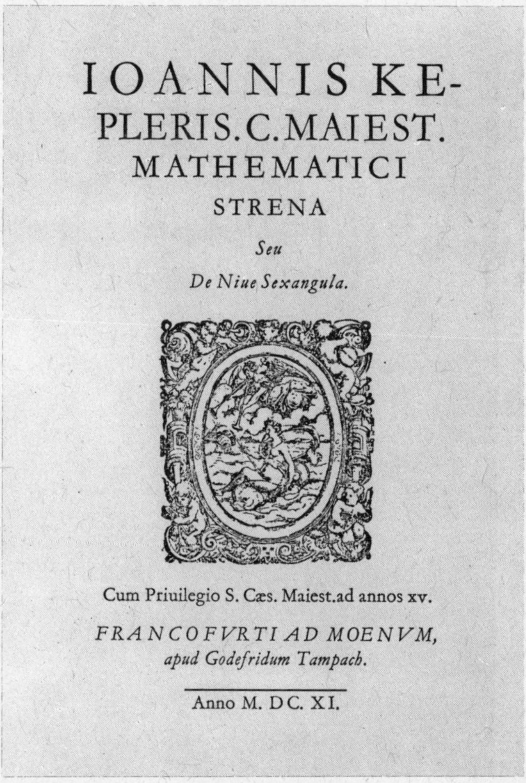

IOANNIS KE-
PLERIS. C. MAIEST.
MATHEMATICI
STRENA
Seu
De Niue Sexangula.

Cum Priuilegio S. Cæs. Maiest. ad annos xv.

FRANCOFVRTI AD MOENVM,
apud Godefridum Tampach.

Anno M. DC. XI.

Strena.
Titelblatt

Urtyp im ganzen Naturreich: So bei den Waben der Bienen, bei Bergkristallen und den Lilien. Wie beiläufig kommt Kepler auf die Proportionsreihe: $^1/_2 - ^1/_3 - ^2/_5 - ^3/_8 - ^5/_{13} - ^8/_{21}$, welche heute jedem Botaniker als die Verhältniszahlen der Blattstellungen bekannt sind. Gleichzeitig befindet er sich mit diesem Hinweis auf eine göttliche Proportion (divina proportio) in unmittelbarer Nähe des «Goldenen Schnittes».

Sicher nicht zufällig erlebte diese kleine Arbeit in unserem Jahrhundert schon drei verschiedene Auflagen: 1907, 1943 und 1958. Ihr Wert liegt in der Anregung, nicht in einem abgeschlossenen Resultat.

Kepler konnte nicht voraussehen, daß er mit dieser Neujahrsgabe – er benennt sie *Strena*, was zugleich gutes Vorzeichen wie Neujahrsgeschenk bedeutet – eines seiner schwersten Lebensjahre einleitet.

DIE LETZTEN JAHRE IN PRAG

So fruchtbar und glückhaft Kepler die Jahre in Prag erlebte, so überschattet von Leid war sein Abschied von dieser zwölfjährigen Wirkensstätte. Ende 1610 wurde seine Frau Barbara von dem «ungarischen Fieber» ergriffen, erlitt epileptische Anfälle und zeigte ernste Symptome depressiver Erkrankung. Zu Anfang des Jahres 1611 wurden die drei Kinder von den Pocken befallen. Zwei genasen, aber das «Lieblingssöhnlein» Friedrich starb am 19. Februar im Alter von sechs Jahren. Dieser Verlust traf beide Eltern schwer. Klagend schrieb der Vater: *Mochte man auf die Blüte seines Körpers schauen oder auf den Liebreiz seines Benehmens, oder auf die glückverheißenden Prophezeiungen der Bekannten hören – in jeder Hinsicht konnte man ihn eine morgendliche Hyazinthe in den ersten Frühlingstagen nennen, die in zartem Duften die Zimmer mit ambrosischen Wohlgerüchen erfüllte.*[21] Die Mutter versank zunehmend in Melancholie.

Gleichzeitig mit diesen schweren seelischen Belastungen durch das familiäre Leid entwickelte sich das Leben in Prag zu einer lebensgefährlichen Bedrohung. Kaiser Rudolfs Vetter, der Erzherzog Leopold, amtierender Bischof von Passau, hatte Truppen angeworben und war mit diesen nach Prag marschiert, in die Stadt eingedrungen und hatte die sogenannte Kleinseite derselben besetzt. Dagegen bildeten sich böhmische Gruppen, die ihrerseits andere Teile der Stadt besetzten und diese brandschatzten. Prag war zu einem sich untereinander bekämpfenden Heerlager geworden, hinter dem sich der Machtkampf von Kaiser Rudolf II. mit seinem nach der Krone greifenden Bruder Matthias, Erzherzog von Österreich, verbarg. Die Stände, trotz ihrer entgegengesetzten konfessionellen Interessen, verbanden sich mit Matthias, der mit einem österreichischen Heer ihnen zu Hilfe eilte. Ehe es zum Kampf kam, entließ Kaiser Rudolf seine Passauer Bundesgenossen aus seinen Diensten. Matthias war Herr der Lage. In der Nacht vom 10. auf 11. März 1611 verließen die Passauer Truppen Leopolds überstürzt Prag, und schon am 24. März zog Matthias mit allem Prunk als noch ungekrönter König von Böhmen in die Stadt ein.

Nichts lag dem weltabgewandten Kaiser Rudolf ferner, als diesen Gewaltakten seinerseits mit Gewalt zu begegnen. Er hielt sich zurück und ließ seinen Bruder gewähren. Dieser nutzte brutal die Gunst der Stunde. Er behandelte Rudolf wie einen Gefangenen, den er bewachen ließ. Seine wenigen Getreuen wurden teils verhaftet, teils unter Aufsicht gehalten, so daß sie unschädlich blieben. Rudolf selbst schlug – mehr erzwungen als aus eigener Vollmacht – dem Generallandtag vor, seinen Bruder Matthias zum König von Böhmen auszurufen. Und so geschah es. Nach längeren Beratungen, in denen Matthias den Ständen ihre Vorrechte anerkennen mußte, wurde am Pfingstsonntag, dem 23. Mai 1611, im St. Veitsdom zu Prag Matthias zum König von Böhmen gekrönt.

Ob es Legende ist oder ein historisches Faktum – es trifft die seelische Situation von Rudolf II., wenn berichtet wird, er habe erregt das Fenster geöffnet und ausgerufen: «Prag, ingrata Praga – Prag, du undankbares Prag, durch mich bist du erhöht worden, und nun stößt du deinen Wohltäter von dir!» Hinzugefügt wurde: Er habe mit großer Vehemenz die Malediction über die Stadt ausgesprochen. Rudolf soll sich «während der Feierlichkeiten in das abgeschiedenste und dunkelste Gemach der Burg zurückgezogen haben».

Von dem erlittenen Unrecht hat sich Kaiser Rudolf nicht mehr erholt. Die Demütigung, in seinem eigenen Schloß inmitten seiner kaiserlichen Residenz als Gefangener behandelt zu werden, zehrte seine letzte Lebenskraft auf. Er kränkelte dahin und wurde um die Jahreswende von 1611 auf 1612 bettlägerig. Tiefe Melancholie ergriff ihn. Die von seinem Hausalchimisten, dem Schotten Alexander Sethon, hergestellten Medikamente vermochten ihm keine Linderung mehr zu bringen. Seltsame Zeichen begleiteten seinen Tod. Im Prager Tiergarten starben ein Löwe und zwei Adler, Symbole königlicher Herrschaft, «die der Kaiser gar lieb gehabt und die des Kaisers Tod prophezeit», unmittelbar vor ihm. Grund genug, das melancholische Gemüt Rudolfs noch mehr zu verdunkeln. Am 19. Januar lehnte der Kaiser es ab, einen Geistlichen zur letzten Lebensbeichte zu rufen. «Ihr lieben Freunde», so sprach er die sein Sterbebett Umstehenden an, «als ich in jungen Jahren von Spanien abberufen wurde, um in mein Vaterland zurückzukehren, habe ich solche Freude empfunden, daß ich in der folgenden Nacht keinen Schlaf in die Augen bringen konnte. Warum sollte ich mich jetzt nicht viel mehr freuen, in die himmlische Heimat zu reisen, wo keine Trennung, keine Verwandlung und kein Unbill mehr eintreten können?»

Gegen 7 Uhr in der Frühe des 20. Januar 1612 verließ die Seele des letzten Esoterikers auf einem kaiserlichen Thron den sterblichen Leib.

Ein halbes Jahr später, am 13. Juni 1612, wurde sein Bruder Matthias in Frankfurt zum Kaiser gewählt.

Kepler erlebte alle diese Ereignisse aus unmittelbarer Nähe. Sein Herz war beteiligt, sein eigenes Schicksal stets mitbetroffen. Er wußte sich dem Kaiser geistverwandt und zugleich durch einen Abgrund getrennt. Gemeinsam war beiden die tiefe Sehnsucht, die okkulte Grundlage der Welt durch menschliches Erkenntnisstreben zu enthüllen. Besser aber als der Kaiser kannte sein Hofastronom die Gefahren eines solchen Unterfangens. Keplers kühler, klarer Geist vermochte die Fehlerquellen auszuschalten, die sofort einfließen, wenn subjektive Wunschgedanken und unklare mystische Spekulation an die Stelle nüchterner Erfahrung treten. Aber Kepler wußte auch, daß er für sein eigenes Bemühen keinen verständnisvolleren Gönner finden konnte, als es ihm Rudolf in seiner Prager Zeit war.

Prag:
Altstädter Ring mit Teinkirche

Wesentlich für Kepler war auch die religiöse Toleranz Rudolfs II. Solange dieser, der selbst dem katholischen Glauben ohne besonderen Eifer zugetan war, regierte, hatten Protestanten in Prag nichts zu befürchten. Unschwer war vorauszusehen, daß sich dies unter der Herrschaft eines Matthias, wenn auch aus taktischen Gründen nicht sofort, so doch im Laufe der Zeit ändern würde.

Bereits vor dem Tode Rudolfs II. erwachte in Kepler der schon fast verschüttete Wunsch – er stand jetzt im 40. Lebensjahr –, wieder in die Heimat zurückkehren und in Tübingen den Lehrstuhl als Nachfolger seines verehrten Lehrers Michael Mästlin einnehmen zu dürfen. Ein Gesuch von ihm geht an das herzogliche Kanzleramt von Württemberg. Dieses befürwortet unter Hinweis auf die «summa cum laude»-Zensur, die Kepler einst an der Hochschule erhalten hatte, und unter Berücksichtigung des Alters Mästlins seine Berufung. Doch zuvor muß das Stuttgarter Konsistorium gehört werden.

Kaiser Matthias als Erzherzog in Linz

Pflichtgemäß reicht das Kanzleramt das Gesuch, dem es seine Zustimmung gegeben hat, an die geistliche Behörde weiter. Die Herren der Theologie in Stuttgart hatten das frühere Gesuch Keplers wohlweislich zu den Akten genommen. Jetzt brauchten sie dieses nur hervorzuziehen, um in ihren Augen den Beweis für die Untauglichkeit Keplers zu haben, in Tübingen einen Lehrstuhl einzunehmen. Ein Mann, der sich dafür einsetzt, Calvinisten als Brüder in Christo anzuerkennen, gehört nicht an die streng lutherisch ausgerichtete Universität Württembergs! Für einen Lehrer, der nicht bereit ist, die Augsburger Konfession und die Konkordienformel zu unterschreiben, ist nach der Meinung der Stuttgarter Konsistorialräte kein Platz in Tübingen. Damit war Keplers Schicksal entschieden. Der Herzog, der ursprünglich offensichtlich bereit war, Kepler zu berufen, gibt nach. Unter dem Datum vom 25. April 1611 geht die Absage an Kepler nach Prag – zu einem Zeitpunkt, da Matthias die Stadt schon besetzt hielt und vier Wochen später zum König von Böhmen gekrönt wurde.

Jetzt galt es für Kepler, sich nach einer neuen Wirkensstätte umzusehen. In Prag wollte er auf keinen Fall bleiben, Tübingen war ihm verschlossen. Vorübergehend konnte er sogar daran denken, als Nachfolger Galileis, der nach Florenz übergesiedelt war, dessen Lehrstuhl in Padua unter dem freiheitlichen Regime der Venezianer zu erlangen. Doch auch dieser Plan zerschlug sich.

Nun reiste Kepler eilends nach Linz, um sich dort um die Stelle eines Landschaftsmathematikers zu bewerben. Ende Mai des Jahres 1611 traf er dort ein, und schon am 11. Juni erhielt er vom Rat der Stadt Linz seine Bestallungsurkunde. Sein und seiner Angehörigen Schicksal hatte für die nächsten vierzehn Jahre eine neue Basis erhalten.

Kaum war Kepler von Linz nach Prag zurückgekehrt, traf ihn ein schwerer Schlag. Wahrscheinlich hatten die österreichischen Truppen des Matthias das «ungarische Fleckfieber» nach Prag eingeschleppt. Frau Barbara wurde erneut davon ergriffen. Kepler fand sie am 23. Juni schwer erkrankt vor. Zehn Tage später, am 3. Juli 1611, wurde sie ihm durch den Tod genommen.

Kepler berichtet: *Betäubt durch die Schreckenstaten der Soldaten und den Anblick des blutigen Kampfes in der Stadt, verzehrt von der Verzweiflung an eine bessere Zukunft und von der unauslöschlichen Sehnsucht nach dem verlorenen Liebling wurde sie zum Abschluß ihrer Leiden von dem ungarischen Fleckfieber angesteckt, wobei sich ihre Barmherzigkeit an ihr rächte, da sie sich von dem Besuch der Kranken nicht abhalten ließ. In melancholischer Mutlosigkeit, der traurigsten Geistesverfassung unter der Sonne, hauchte sie schließlich ihre Seele aus.*[22]

Solange der unglückliche Rudolf II. noch am Leben war, hielt er seinen Hofastronomen in Prag fest. Jetzt, drei Monate nach dem Tod des Kaisers, siedelte Kepler nach Linz über. Seine beiden Kinder übergab er zunächst einer Witwe Pauritsch in Kunstadt in Mähren zur Pflege. Über Brünn gelangte er Mitte Mai 1612 nach Linz. Als einsamer, heimatloser Mensch traf er an seiner neuen Wirkensstätte ein.

LINZ

(1612–1626)

«... In Linz hat auch einmal so ein moralisch Gekreuzigter gelebt, dessen Spuren ich hier oft mit schauernder Ehrfurcht nachgehe, der Sternenkundige Kepler. Weil er hier die Gesetze der Planetenbewegungen fand, schalten ihn die Stände, daß er Hirngespinsten nachgehe, statt ihnen seiner Pflicht gemäß das Land zu vermessen. Die Städte hatten mit Ausnahme der Hirngespinste gar nicht einmal unrecht; denn Kepler bezog sein Gehalt als Landesvermesser» – so schrieb Adalbert Stifter am 29. Juli 1858 aus Linz an seinen Verleger Gustav Heckenast. Stifter berührt mit diesen Sätzen eine der Grundspannungen in Keplers Leben: zwischen seinem Beruf als Erwerbsquelle der notwendigen Geldmittel für die Erhaltung seines und seiner wachsenden Familie Leben – und seiner Berufung als Astronom und Naturforscher. Nur in den zwölf Prager Jahren konnte er als offizieller Mathematiker des Kaisers seinen eigentlichen Forscher-

Linz. Kupferstich

neigungen nachgehen. In Graz wie in Linz mußte er schmerzlich erleben, daß er in erster Linie «Angestellter» war, der sich nach den Interessen seiner Brotgeber zu richten hatte. Das Leben in einer Umwelt, die primär auf hausbackene Ziele ausgerichtet war, ließ ihn viel Unverständnis seiner Mitwelt erfahren und Kummer erleiden. Dabei nützte es ihm wenig, daß der neue Regent, Kaiser Matthias, ihn ausdrücklich als kaiserlichen Mathematiker bestätigte und ihm sein Gehalt auch fernerhin zugesagt hatte. Denn was galt ein solches Fürstenwort, wenn die kaiserlichen Kassen an chronischer Auszehrung litten und ihre Zahlungen einstellten? Schon in Prag hatte Kepler dies erfahren müssen, und erst recht jetzt in Linz nach der Entfernung vom kaiserlichen Zentrum. Jedenfalls sind die restlichen achtzehn Lebensjahre, die Kepler noch blieben, ständig überschattet von der Sorge um die Auszahlung der ihm zustehenden Gelder für seinen Lebensunterhalt. Das Unwürdige dieser Situation hat ihn tief

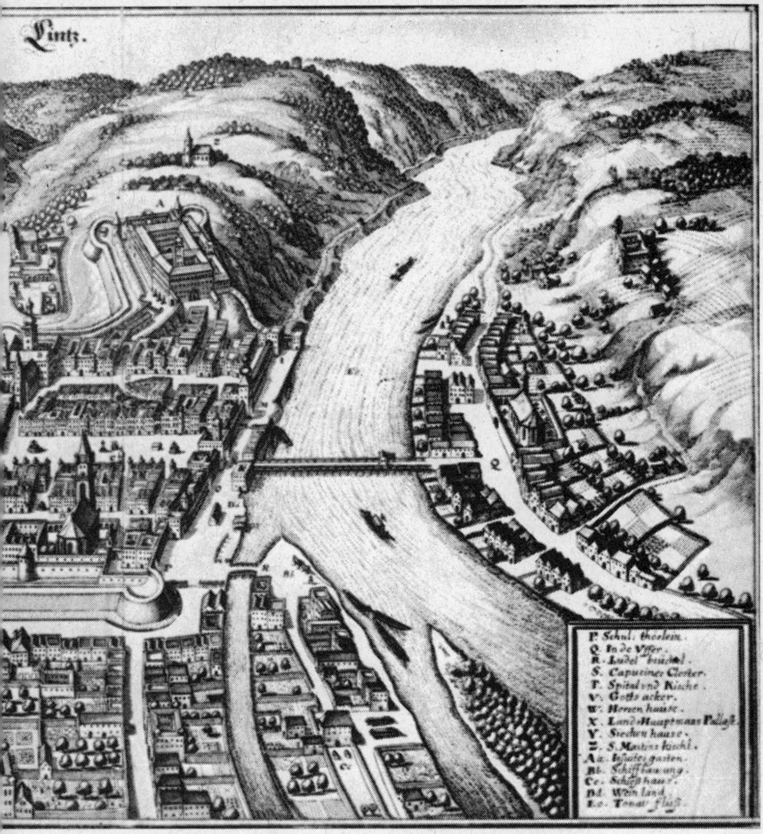

verletzt und die auf die Eintreibung seiner Außenstände verwandte Zeit und Kraft hat ihm viel Lebensenergie abverlangt.

Das Arbeitspensum, das von ihm in Linz verlangt und zusätzlich von ihm selbst gewollt und bewältigt wurde, war gigantisch. Zunächst ging es darum, die Wünsche des Rates der Stadt Linz zu erfüllen: das Land Oberösterreich zu vermessen und die «Aufrichtung und Verfassung einer Landmappe, eine Ortsbeschreibung von Österreich, Steyermark und Kärnten» zu schaffen. Dann sollte er sich als Lehrer für Mathematik, Philosophie und Geschichte betätigen, «den löbl. ständen in gmain als wohl auch jedem in privato wie nit weniger derselben adelichen Jugendt nützlichs und fürträglichs» lehren. Dem allen hat sich Kepler auch unterzogen, aber doch wohl nur mit der linken Hand. Denn sein eigentliches Interesse galt nach wie vor in erster Linie der Geometrie und der Sternenkunde. Trotz der vielen anderweitigen Beanspruchungen gelingt es ihm in den ersten sieben

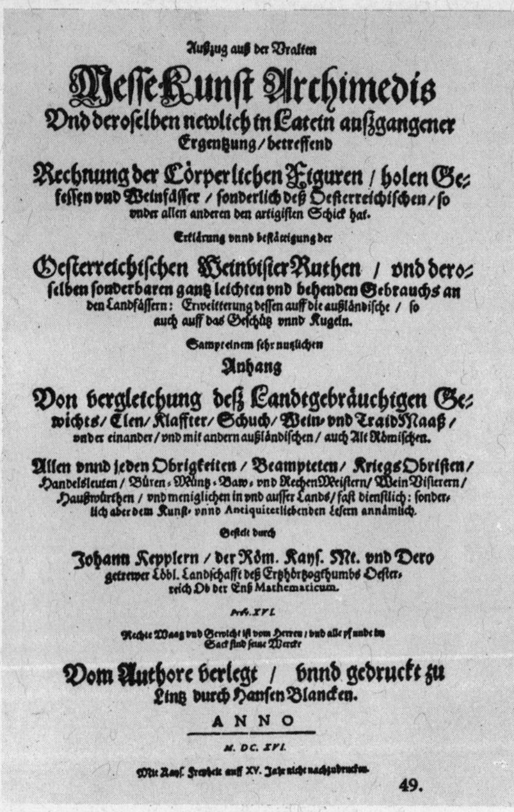

Außzug auß der Vralten
Messe Kunst Archimedis
Vnd deroselben newlich in Latein außgangener Ergentzung / betreffend
Rechnung der Cörperlichen Figuren / holen Gefessen vnd Weinfässer / sonderlich deß Oesterreichischen / so vnder allen anderen den artigisten Schick hat.
Erklärung vnnd bestättigung der
Oesterreichischen Weinvisier Ruthen / vnd deroselben sonderbaren gantz leichten vnd behenden Gebrauchs an den Landfässern: Erweitterung dessen auff die außländische / so auch auff das Geschütz vnnd Kugeln.
Sampt einem sehr nutzlichen
Anhang
Von vergleichung deß Landtgebräuchigen Gewichts / Elen / Klaffter / Schuch / Wein vnd Traid Maaß / vnder einander / vnd mit andern außländischen / auch Alt Römischen.
Allen vnnd jeden Obrigkeiten / Beampteten / Kriegs Obristen / Handelsleuten / Büren- Müntz- Baw- vnd Rechen Meistern / Wein Visierern / Haußwürthen / vnd meniglichen in vnd ausser Lands / fast dienstlich: sonderlich aber dem Kunst- vnnd Antiquitetliebenden Lesern annämlich.
Gestelt durch
Johann Kepplern / der Röm. Kays. Mt. vnd Dero getrewer Löbl. Landschafft deß Ertzhertzogthumbs Oesterreich Ob der Enß Mathematicum.
Prov. XVI.
Rechte Waag vnd Gewicht ist vom Herren / vnd alle pfunde im Sack sind seine Wercke
Vom Authore verlegt / vnnd gedruckt zu Lintz durch Hansen Blancken.
ANNO
M. DC. XVI.
Mit Kays. Freyheit auff XV. Jahr nicht nachzudrucken.

49.

Linzer Jahren eine Reihe von wichtigen Arbeiten zu veröffentlichen:

Nova stereometria doliorum vinariorum (*Neue Raummeßkunst für Weinfässer*)	1615
Auszug aus der uralten Messekunst Archimedis	1616
Ephemerides novae I. Teil (*Neue astronomische Jahrbücher*)	1617
Epitome astronomiae Copernicanae I. Teil (*Grundriß der Kopernikanischen Astronomie*)	1618

und schließlich die Krönung seines Lebenswerkes:

Harmonices mundi (*Die Weltharmonie*) 1619

Zunächst, das heißt in den Jahren 1612 bis 1614, ist Kepler allerdings in erster Linie mit Kalenderfragen beschäftigt, die ihren Niederschlag in zwei Schriften gefunden haben: *Über das wirkliche Jahr, in welchem Gottes Sohn im Leibe Mariä Menschengestalt annahm* (1613) und *Antwort auf einen Brief des Chronologen Sethus Calvisius* (1614).

Am 16. Juli 1612, also bald nach seiner Übersiedlung nach Linz, erhielt Kepler den Besuch eines jungen Gelehrten, der sich auf dem Weg von seinem Heimatort Hallstatt in Oberösterreich nach Straßburg befand, um dort eine Professur für Geschichte zu übernehmen. Es war Matthias Bernegger (1582–1640), der später so berühmt gewordene Humanist. Die kurze Begegnung der beiden Männer begründete eine lebenslange intime Freundschaft, die in einem regen Briefwechsel ihren Ausdruck und erst durch Keplers Tod ihr Ende fand.

In den Monaten Juli bis Oktober 1612 hielt sich Kepler mit dreimaliger Unterbrechung in Regensburg auf, als astronomischer Fachberater des von Kaiser Matthias einberufenen Reichstages. Es ging um die schon seit Jahrzehnten vom Papst Gregor XIII. angestrebte und seit 1582 angeordnete Kalenderreform, die einer erneuten Beratung bedurfte. Vor allem in protestantischen Landen war diese Reform auf heftigen Widerstand gestoßen. Max Caspar[23] beschreibt das Verhalten der verschiedenen beteiligten Parteien: «Mathematiker und Theologen hatten in diesem Streit ihre Stellungen bezogen und verteidigten oder verwarfen mit religiösen, politischen und wissenschaftlichen Argumenten die Neuerung. Verfolgt man diesen Streit, so gewinnt man den Eindruck, als wäre es eine Lust für die Deutschen, wenn sie etwas finden, worüber sie in Zank und Hader miteinander geraten können.» Wer insbesondere die jahrhundertelangen Bemühungen um Kalenderreformen verfolgt hat, wird Max Caspar nicht widersprechen können. Nur muß hinzugefügt werden, daß es den eigentlich Kundigen nicht um Bagatellen ging, sondern vor allem um Fragen wie die kosmisch gerechte Festlegung des Oster-Termines. Es war eine Aufgabe, die bis in unsere Tage nur zu leicht unterschätzt wird und mit dem kommerziell begründeten Vorschlag, den ersten Sonntag nach dem 1. April zu wählen, ungeistig gelöst werden soll. Da aber seit Nizäa (325) der Termin für das Osterfest auf den ersten Sonntag nach Frühlingsvollmond festgelegt wurde, ging es nicht nur um eine säkulare Weltangelegenheit. Es lag im eminenten Interesse der Kirche, eine genaue Bestimmung des Frühlingsäquinoktiums (Tag- und Nachtgleiche) und eine genaue Berechnung des synodischen Mondumlaufes, das heißt der Zeit von Neumond zu Neumond, zu erhalten.

So grotesk es auch heute erscheinen mag – ausgerechnet die Vertreter des Protestantismus, die sich als Hüter freiheitlicher Erkenntnis und Träger reformfreudiger Tendenzen selber ansahen, bekämpften die notwendig gewordene Reform leidenschaftlich. Es genügte ihnen, daß der Papst in Rom der eigentliche Inaugurator dieser Bestrebungen war, um gegen die «papistische Neuerung» Sturm zu laufen. Wieder waren es die Stuttgarter Theologen, die zu den schärfsten und ausfälligsten Gegnern der geforderten Kalenderreform – so der spätere Kepler-Gegner Lukas Osiander – gehörten.

Wenn auch Kepler der Meinung war, daß man im protestantischen Teil Deutschlands die Kalenderreform nicht mit Zwang einführen dürfe, setzte er sich doch eindeutig für dieselbe als wesentliche Verbesserung der europäischen Zeitrechnung ein. *Wan die scharfsinnige und zuviel hitzige oder müessige Köpfe in Teutschland sich so vil mit den studiis bemüheten, daß sie dise Sach selber verstehen lerneten, und uns Mathematicos, die wir gemeinlich schlechte unachtsame Personen seind, drumben fragen müessten, so würd ihnen hierzwischen nit allein die Hitz und Zanckdurst vergehen, sondern würden auch entlich sehen, daß sie nit Ursach hetten, sich so sehr über diesem Werckh zu zwayen.* Keplers Gutachten, das sich entschieden für die Kalenderreform aussprach, wurde von den protestantischen Fürsten nicht angenommen; der Reichstag von Regensburg ging ohne Resultat auseinander. Erst im Jahre 1700 wurde auch im protestantischen Deutschland die Kalenderreform durchgeführt. So lange, also über ein Jahrhundert, blieb Europa in der Zeitrechnung konfessionell gespalten. Es ist zu vermuten, daß sich Kepler durch sein sachliches Eintreten für die «katholische» Revision des Kalenders weitere unsachliche Gegnerschaft im protestantischen Lager zugezogen hat.

Am 21. Oktober 1613 kehrte Kepler aus Regensburg zurück, und schon neun Tage später schloß er seine zweite Ehe. Unter elf Ehekandidatinnen, die er nacheinander nüchtern-sachlich auf ihre Eignung als Lebenspartner und Mutter für seine zwei unmündigen Kinder überprüft hatte, fiel seine Wahl auf Susanne Reuttinger, 24 Jahre alt, aus dem Linz benachbarten Eferding. Ihre Eltern, der Schreiner Johann Reuttinger und seine Frau Barbara, waren früh gestorben und hatten ihre Tochter Susanne als Waise zurückgelassen. Elisabeth Freifrau von Starhemberg hatte sich ihrer angenommen und durch zwölf Jahre hindurch ihre Erziehung im Waisenhaus geleitet.

Einem Einladungsschreiben Keplers zur Hochzeitsfeier in Eferding, wahrscheinlich gerichtet an den Freiherrn Peter Heinrich von Strahlendorf in Prag, entnehmen wir die folgenden Abschnitte: *Zwar leiten alle Christen ihre Hochzeitseinladung mit der feierlichen Erklärung ein, daß sie einem besonderen göttlichen Ratschluß zufolge in die Ehe treten. Ich möchte das aber – als Philosoph – gerne mit Ihnen ... eingehender besprechen ... War es göttliche Vorsehung oder moralische Schuld auf meiner Seite, die meinen Sinn in den beiden letzten Jahren und noch länger nach so vielen Richtungen gezogen und mich auf so viele Leute hören ließ ... die so Grundverschiedenes zu sagen hatten? War es der Wille Gottes, der all diese verschiedenen Leute und ihre Tätigkeit ins Spiel brachte? Es gibt nichts, was ich lieber erforschen und wissen möchte als dies: Kann ich Gott, den ich bei der Betrachtung des Weltalls geradezu mit Händen greife, auch in mir selber finden? ... Ich glaube nicht, daß mir etwas Ungewöhnliches zugestoßen ist. Ich glaube, jeder von uns macht die gleiche Erfahrung. Der Unterschied liegt nur darin, daß sich die anderen nicht, wie ich es tue, Gedanken darüber machen: daß sie schneller vergessen und sich leichter darüber hinwegsetzen, als ich es vermag, oder mehr in der Gewalt haben und ihr Unglück mit sich selbst ausmachen ...*[24]

Vom Geld ist die Rede, von wem noch?

Minuten sparen ist die beste Art . . .

... eine Arbeit zu vollenden. Das schrieb ein Mann, von dem hier die Rede sein soll. Er sparte die Minuten, wo er konnte; er war ein Pedant mit einem so geregelten Tagesablauf, daß man die Uhr danach stellen konnte (es war aber nicht Kant!). Außer pedantisch war er hypochondrisch und äußerst sparsam. Er war geradezu stolz auf seine Fähigkeit, mit Geld umgehen zu können. Das «sehr gute Anlegen von Geldern» bezeichnete er einmal bei einer Umfrage als sein spezielles Talent. Dreißig Jahre lang war er Schatzmeister eines Clubs und Kassierer eines Kohlenvereins in seiner Heimatstadt.

Er wurde geboren im Jahr, als Lamarck seine «Zoologische Philosophie» veröffentlichte. Nie hat er eine fremde Sprache gelernt, und seine Heimat hat er nur zweimal im Leben verlassen: Als 18jähriger besuchte er Paris, wenige Jahre später nahm er auf Staatskosten – gegen eine Verpflegungsbeteiligung von 30 Pfund pro Jahr – an einer Weltumseglung teil. Der Kapitän wollte ihn seiner knolligen Nase wegen zuerst überhaupt nicht mitnehmen. Diese Reise wurde für ihn berufsbestimmend. Außer seinem Reisetagebuch verfaßte er ein Werk über die Funktion der Regenwürmer bei der Bildung von Ackererde und 14 weitere Bücher. An seinem Hauptwerk arbeitete er 21 Jahre lang. Die Hauptthesen daraus sind heute noch populäre Schlagworte; die bekannteste Schlußfolgerung dieses Buches – jeder kennt sie – stammt allerdings nicht von ihm, sondern von einem seiner deutschen Anhänger.

Ursprünglich hatte er Arzt werden sollen, wie sein Großvater und sein Vater, der über drei Zentner wog. Nach dem Medizinstudium aber begann er Theologie zu studieren und wollte Landpfarrer werden, nicht zuletzt, weil er in diesem Beruf leicht seinen Leidenschaften hätte nachgehen können: Jagen, Vogelschießen, Sammeln von Insekten, Käfern und Schmetterlingen. Zeitlebens war er begeisterter Amateur-Ornithologe.

Er starb 1882. Sein Grab liegt nur wenige Meter vom Grabe Newtons entfernt.

Wer war's? (Alphabetische Lösung: 4–1–18–23–9–14)

Der Anlaß zu dieser «Religionsphilosophie» ist die Kepler bedrängende Frage, ob er nach dem Unglück, das ihn durch den Tod seines Kindes und seiner ersten Frau getroffen hatte, nun unter den elf Ehekandidatinnen auch die rechte Wahl in Susanne Reuttinger getroffen hat. War es Gottes Wille, daß er sich nun mit ihr verbinden wird, oder subjektive Willkür? Wie verträgt sich göttliche Fügung mit der Freiheit menschlichen Suchens und Begehrens? Er, der im Weltall das göttliche Wirken ohne jeden Zweifel zu erkennen vermeint, der Gott im Firmament *geradezu mit Händen greift*, muß sich fragen, ob er jetzt in einer so wichtigen Schicksalsentscheidung, wie sie sein Entschluß zur Ehe mit Susanne Reuttinger bedeutet, auch im Sinne Gottes das Rechte tue. Er geht die elf «Bewerberinnen» der Reihe nach durch: *Ich habe mich lange und schwer mit diesen Sorgen herumgeschlagen und auf den Besuch der Frau des Herrn Helmhard gewartet, neugierig darauf, ob sie mir die dritte der Kandidatinnen empfehlen und ob diese dritte dann bei mir über die beiden ersten siegen würde. Nachdem ich die Frau gehört hatte, entschied ich mich für die vierte, voll Ärger, daß mir die fünfte entschlüpfte. Gerade als*

Regensburg: Steinerne Brücke und Katharinenspital.
Federzeichnung von Georg Bahre, 1638

Der Gasthof «Zum Goldenen Löwen» in Eferding. Holzstich

ich die Sache regeln wollte ... griff das Schicksal ein: die vierte wurde meines Zögerns müde und versprach sich einem andern, der sich schon lange um ihre Hand beworben und sie mit Versprechungen überschüttet hatte. Ich war nun über den Verlust der vierten genau so verärgert wie über den Verlust der fünften ... Hier liegt die Schuld in meinen Gefühlen, die ich durch Zögern, durch Vergleichen und Abwägen der Gründe für und wider mit jedem Tage neu entfachte. Und doch war es für mich kein Unglück, daß ich bei der vierten keinen Erfolg hatte. Denn offensichtlich war es für beide Teile so das beste. Was nun die fünfte betrifft, so bleibt die Frage, warum Gott es zuließ, daß sie im Laufe des einen Jahres noch sechs weitere Mitbewerberinnen hatte, obwohl sie doch schließlich für mich bestimmt war. Konnte nun mein unruhiges Herz es nicht anders lernen, mit seinem Schicksal zufrieden zu sein als dadurch, daß es die Unmöglichkeit einsieht, daß nicht alle Wünsche auf einmal zu erfüllen sind. Erstaunlich ist, wie hier Kepler seine Brautwerbung, die doch voller Komik ist, mit großem Ernst denkend zu erfassen sucht. Zum Schluß seines Briefes zieht er das moralische Resümee seiner Überlegungen: *Sie sehen, wie mich die Vorsehung in solche Zwangslage brachte, damit ich lerne, nicht auf hohe Stellung, auf Reichtum und Herkunft zu sehen – das alles hat meine Braut nicht – sondern auf die schlichten Tugenden.*[24]

Die Gefahr, den Zusammenhang mit dem konkreten Leben zu verlieren, bestand für Johannes Kepler nicht. Mochte sein Enthusiasmus für die Sternenkunde sein Herz noch so sehr ergreifen und himmelwärts tragen, die Freude und das Leid, die ihm durch Geburten und Tode in seiner engsten Familie bereitet wurden, banden ihn vielfältig an seine irdische Existenz. Zu keinem Zeitpunkt war es ihm vergönnt, ein rein kontemplatives Gelehrtenleben zu führen. Sein Dasein war von unaufhörlichem Kampf begleitet – Kampf um den Lebensunterhalt, Kampf mit politischen Gewalten, Kampf um die Ermöglichung freier Forschung und vor allem für die Echtheit und Freiheit seines eigenen religiösen Bekenntnisses.

KEPLERS EXKOMMUNIKATION

Wir sahen, daß die Erfüllung seines Lebenswunsches, durch Berufung auf einen Tübinger Lehrstuhl in die Heimat zurückzukehren, an der Engstirnigkeit des Stuttgarter Konsistoriums scheiterte. Doch der Einfluß dieser Herren reichte auch bis Linz. Ausgerechnet ein Studienkollege aus dem Tübinger Stift, ein geborener Heidenheimer und fanatischer Lutheraner, Daniel Hitzler, war seit 1610 Hauptpfarrer in Linz. Hitzler wußte um die freiheitliche Gesinnung Keplers und kannte den Verdacht, daß Kepler ein verkappter Calvinist sei, der überdies noch mit den Jesuiten konspiriere. Die Tatsache, daß Kepler nicht bereit war, die im Anschluß an die Augsburger Konfession geschaffene Konkordienformel zu unterschreiben, genügte dem Hauptpfarrer Hitzler, Kepler den Empfang des Abendmahls zu verweigern.

Wir erinnern uns, daß Kepler schon 1598, als die Grazer Verfolgung durch die Gegenreformation begann, an Herwart von Hohenburg schrieb: *Ich bin ein Christ, heucheln habe ich nicht gelernt; in Religionssachen kenne ich nur Ernst, kein Spiel, weshalb es mir auch Ernst ist mit der Übung der Religion, mit dem Empfang der Sakramente.* Dieser Grundhaltung blieb er lebenslang treu und mußte darum viel Unbill erleiden.

Kepler verweigerte die Unterschrift, weil er kein Opportunist war und den Text der Konkordienformel ernst nahm: *Ich weiß wohl, ich könnte den ganzen Streit niederschlagen, wenn ich die Konkordienformel ohne Vorbehalt unterschriebe. Aber mir steht nicht an, in Gewissensfragen zu heucheln ... Ich werde über die Brüder nicht richten; denn mögen sie stehen oder fallen, sie sind des Herrn und meine Brüder ...*[25]

So wenig er einst bereit war, zur katholischen Kirche zu konvertieren, so wenig ist er jetzt gewillt, die durch den Inhalt der Konkordienformel gegebene Verurteilung des Calvinismus mitzumachen – obwohl er sich selbst für einen treuen Lutheraner hielt. Doch er lehnte die dogmatische Enge, die sich vor allem in der sogenannten «Ubiquitätslehre» bekundete und ein Hauptstück der Konkordienformel bildete, ab.

Pastor Daniel Hitzler. Kupferstich von Tobias Wagner

Der Grund zu diesem Streit der Theologen lag in dem Unvermögen, spirituelle Ideen und Begriffe über das zentrale Geheimnis der christlichen Kirche, über die Verwandlung von Brot und Wein in «Leib» und «Blut» Christi, zu bilden. An dieser Unfähigkeit waren schon Luther und Zwingli 1529 zu Marburg in ihrem Bemühen gescheitert, eine gemeinsame Abendmahlstheologie zu finden. Aus Luther sprach in diesem Zusammenhang noch die mittelalterliche Seelenhaltung. Ihm genügte der wortwörtliche Text des Neuen Testamentes, um die «Ubiquitas», die Allgegenwart des Leibes Christi, zu glauben. Er fühlte deutlich, daß sein Begriffsvermögen versagte, das rein geistige Phänomen zu erfassen. «Man muß die Augen schließen» und «Ich will lieber nicht wissen, als wissen» waren zwei seiner Entgegnungen auf Zwinglis intellektuelle Bemühungen, den Vorgang der Transsubstantiation, die Verwandlung von Brot und Wein, als moderner Mensch nicht nur zu glauben, sondern auch zu v e r s t e h e n.

Luther und Zwingli gingen auseinander. Sie waren sich einig geworden in a l l e n anderen Punkten, aber zerstritten durch das Unvermögen, einen geistigen Tatbestand im Irdischen geistig gemeinsam verstehen zu können.

Da die Konkordienformel, die im wesentlichen Luthers Standpunkt, nur noch verengt und insbesondere gegen den Calvinismus gerichtet, enthält, dem denkenden Bewußtsein Keplers nicht genügte und er sich nicht in eine religiös-theologische Einseitigkeit einspannen lassen wollte, verweigerte er, wie gesagt, die Unterschrift. Das aber hatte für ihn und die Seinen bittere Folgen. Denn «Exkommunikation» bedeutete in damaliger Zeit zugleich weitgehend «Ächtung» bis in die soziale und private Sphäre hinein. Auch die persönliche Sicherheit war gefährdet. Wer mit Exkommunizierten Umgang pflegte, machte sich selbst verdächtig und wurde gleichfalls gemieden. Selbst Keplers berufliche Lage als Mathematiker und Geometer im Dienst der Landschaft Oberösterreichs war bedroht. Erst eine Kampfabstimmung im Ständetag 1616, die mit mehreren Stimmen zu seinen Gunsten ausfiel, schaffte ihm eine relative äußere Sicherheit.

Dies alles nahm Kepler auf sich – die Treue seinem eigenen Gewissen gegenüber galt ihm mehr als das Urteil der Menge.

Trotzdem versuchte er, soweit es an ihm lag, den ungerechten Makel von sich und den Seinen zu nehmen. Daniel Hitzler hatte ja nicht aus eigener Machtvollkommenheit die Exkommunikation ausgesprochen, sondern erst nach Rückversicherung durch die Stuttgarter Kirchenbehörde.

Da Kepler dies wußte, wandte er sich selbst mit einer Eingabe vom 20. August 1612 an das Stuttgarter Konsistorium. Am 25. September erfolgte die Antwort, die sich rückhaltlos auf Hitzlers Seite stellte und Kepler eindeutig verurteilte. Der offizielle Brief schloß mit der moralischen Mahnung: «Trauet eurem guten Ingenio nicht zu viel, und sehet zu, daß euer Glaube nicht auf Menschen Weisheit, sondern auf Gottes Kraft bestehe.»

Die Exkommunikation von Johannes Kepler durch die Kirche seines Heimatlandes Württemberg wurde nie aufgehoben und blieb bis in seine Todesstunde wirksam. Gerade weil christliche Religiosität ein Wesenszug Keplers war, schmerzte ihn diese Verurteilung tief.

Ein letzter Versuch 1619, über seinen ehemaligen Tübinger Lehrer, den Theologie-Professor Matthias Hafenreffer, eine Aufhebung seines Abendmahlsausschlusses zu erlangen, blieb erfolglos. Bei einem persönlichen Besuch in Tübingen hatte Kepler Hafenreffer um Vermittlung gebeten. Dieser gab ihm den ablehnenden Bescheid brieflich kund, worauf Kepler sich zu einer nochmaligen Erklärung aufraffte. Hafenreffer hatte ihm unterschoben: «Warum will Er nicht unterschreiben? Sicher doch nur, weil er astronomische Haarspaltereien in der Theologie sucht.» Keplers Antwort: *Hütet euch, einen Unschuldigen mit dem Ausschluß zu bestrafen. Nicht Haarspalterei, sondern brüderliche Liebe läßt es bei mir nicht zu, die zu verdammen, die sich an die alten Lehren halten, und ich will ihnen lieber folgen als der Konkordienformel in jenem Artikel über die Person Christi ... Mein Ausschluß dauert nun schon sieben Jahre. Die kirchlichen Diener dieser Stadt* (gemeint ist Linz) *versichern immer wieder, sie würden mich zum Abendmahl zulassen, wenn ich vom Konsistorium oder von der theologischen Fakultät Württembergs die Zulassung erhielte ... Deswegen verlange ich nach so langer Wartezeit eine Antwort. Ich darf es nicht dahin kommen lassen, daß ich zum öffentlichen Ärgernis werde.*[27]

Es erfolgte keine Revision. Hafenreffers letzte schroffe Absage: «Daher können weder ich noch meine Kollegen und Mitbürger Eure absurden und blasphemischen Hirngespinste billigen.» Keplers Exkommunikation war endgültig. Ein beschämendes Kapitel für die protestantische Kirche Schwabens.

DIE HARMONIE DER WELT

Es ist eine Frage der Blickrichtung, welches der Werke Keplers man als das bedeutendste ansehen will. Ein moderner Astronom wird voraussichtlich in der *Astronomia Nova* die Krönung seines Schaffens finden. Andererseits bedeutet die Herausgabe der *Rudolphinischen Tafeln* einen Höhepunkt, nicht nur im Leben Keplers, sondern der entstehenden Naturwissenschaft überhaupt. Die Lebensarbeit von Tycho Brahe und von Johannes Kepler verbindet sich in beiden Arbeiten zu einem einzigen Werk, das die geschilderte Bedeutung für die weitere Entwicklung der modernen Forschung gehabt hat.

Den Gipfel seines gesamten Strebens als geistsuchender Mensch müssen wir aber in der *Weltharmonik* sehen. Von allen Werken Keplers wird dieses Buch am häufigsten genannt, es erfuhr die größte Zahl der Neuauflagen und Übersetzungen. Kein Biograph Keplers, kein Historiker der Astronomie vergißt darauf hinzuweisen, daß in den *Harmonices mundi* im dritten Kapitel des fünften Buches sich zum erstenmal das «dritte Planetengesetz» Keplers findet, das in der heutigen abstrakten Sprache der Astronomie lautet: «Die Quadrate der Umlaufzeiten verhalten sich wie die dritten Potenzen der mittleren Abstände.» Nach dem Ellipsensatz (1. Gesetz) und dem Flächensatz (2. Gesetz) die dritte Entdeckung, durch die ein neuer Ausgangspunkt für die mathematische Himmelskunde gefunden ist. Für Isaac Newton gab dieses 3. Keplersche Gesetz die erforderliche Grundlage, von der aus er sein für die Entstehung der exakten Physik entscheidendes Gravitationsgesetz formulieren konnte.

Martin Luther. Stich von Lucas Cranach d. J.

Kepler selbst ist sich der Bedeutung seiner Entdeckung bewußt: *Hier muß nun wiederum eine Frage aus meinem Mysterium Cosmographicum erledigt und eingeschaltet werden, die ich vor 22 Jahren offen ließ, weil die Sache noch nicht klar war. Nachdem ich in unablässiger Arbeit einer sehr langen Zeit die wahren Intervalle der Bahnen mit Hilfe der Beobachtungen Brahes ermittelt hatte, zeigte sich mir endlich, endlich die wahre Proportion der Umlaufszeiten in ihrer Beziehung zu der Proportion der Bahnen . . .*

Am 8. März dieses Jahres 1618, wenn man die genauen Zeitangaben wünscht, ist sie in meinem Kopf aufgetaucht. Ich hatte aber keine glückliche Hand, als ich sie der Rechnung unterzog, und verwarf sie als falsch. Schließlich kam sie am 15. Mai wieder und besiegte in einem neuen Anlauf die Finsternis meines Geistes, wobei sich zwischen meiner siebzehnjährigen Arbeit an den Tychonischen

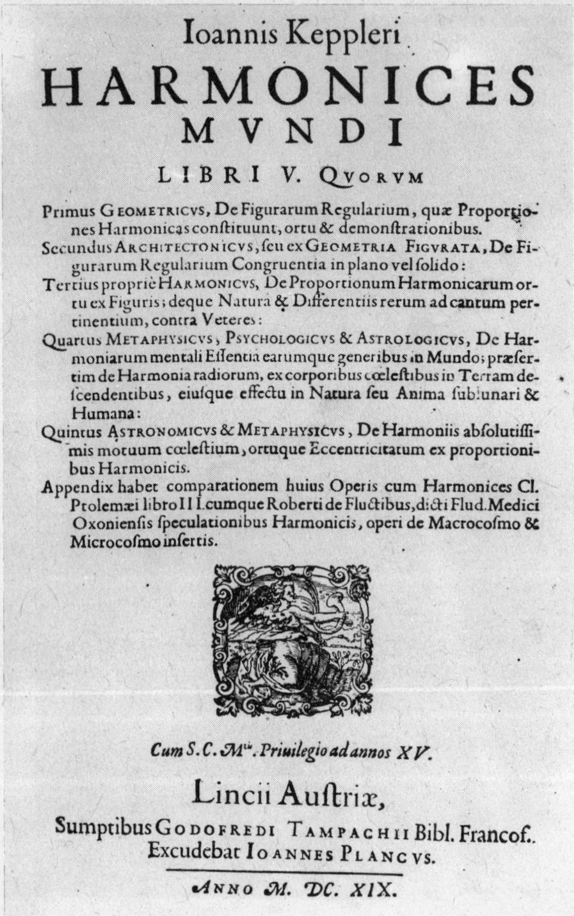

Ioannis Keppleri

HARMONICES MVNDI

LIBRI V. QVORVM

Primus GEOMETRICVS, De Figurarum Regularium, quæ Proportiones Harmonicas conſtituunt, ortu & demonſtrationibus.

Secundus ARCHITECTONICVS, ſeu ex GEOMETRIA FIGVRATA, De Figurarum Regularium Congruentia in plano vel ſolido:

Tertius propriè HARMONICVS, De Proportionum Harmonicarum ortu ex Figuris; deque Natura & Differentiis rerum ad cantum pertinentium, contra Veteres:

Quartus METAPHYSICVS, PSYCHOLOGICVS & ASTROLOGICVS, De Harmoniarum mentali Eſſentia earumque generibus in Mundo; præſertim de Harmonia radiorum, ex corporibus cœleſtibus in Terram deſcendentibus, eiuſque effectu in Natura ſeu Anima ſublunari & Humana:

Quintus ASTRONOMICVS & METAPHYSICVS, De Harmoniis abſolutiſſimis motuum cœleſtium, ortuque Eccentricitatum ex proportionibus Harmonicis.

Appendix habet comparationem huius Operis cum Harmonices Cl. Ptolemæi libro III. cumque Roberti de Fluctibus, dicti Flud. Medici Oxonienſis ſpeculationibus Harmonicis, operi de Macrocoſmo & Microcoſmo inſertis.

Cum S. C. Mtis. Priuilegio ad annos XV.

Lincii Auſtriæ,

Sumptibus GODOFREDI TAMPACHII Bibl. Francof.

Excudebat IOANNES PLANCVS.

ANNO M. DC. XIX.

Beobachtungen und meiner gegenwärtigen Überlegung eine so treffliche Übereinstimmung ergab, daß ich zuerst glaubte, ich hätte geträumt und das Gesuchte in den Beweisunterlagen vorausgesetzt. Allein es ist ganz sicher und stimmt vollkommen, daß die Proportion, die zwischen den Umlaufzeiten irgend zweier Planeten besteht, genau das Anderthalbe der Proportion der mittleren Abstände, d. h. der Bahnen selber, ist, wobei man jedoch beachten muß, daß das arithmetische Mittel zwischen den beiden Durchmessern der Bahnellipse etwas kleiner ist als der längere Durchmesser.

In dem gleichen Monat Mai 1618, fast auf den Tag genau, an dem Johannes Kepler auf seinen einsamen Forscherpfaden in Linz diese

«Erleuchtung» hat, geschah an seiner früheren Wirkensstätte Prag jener folgenreiche «Fenstersturz», durch den der Dreißigjährige Krieg ausgelöst wurde, der Zentral-Europa materiell und geistig um Jahrzehnte zurückwarf. Dieses temporäre «Junctim» der Auflösung der politisch-kirchlichen Einheit Europas mit der Geburtsstunde der neuzeitlichen Naturwissenschaft hat zeichenhafte Bedeutung: an die Stelle der christlichen Religion trat die Wissenschaft und an die Stelle der praktizierenden Kirche die Technik.

Selbstverständlich lag es dem Bewußtsein Keplers völlig fern, eine solche Entwicklung selbst mit einleiten zu wollen. Sein Suchen und Forschen entsprang ja gerade einer religiösen Grundhaltung. Sie durchzieht die fünf Bücher der *Weltharmonik* von der ersten bis zur

Geometrische Körper. Aus «Harmonices mundi»

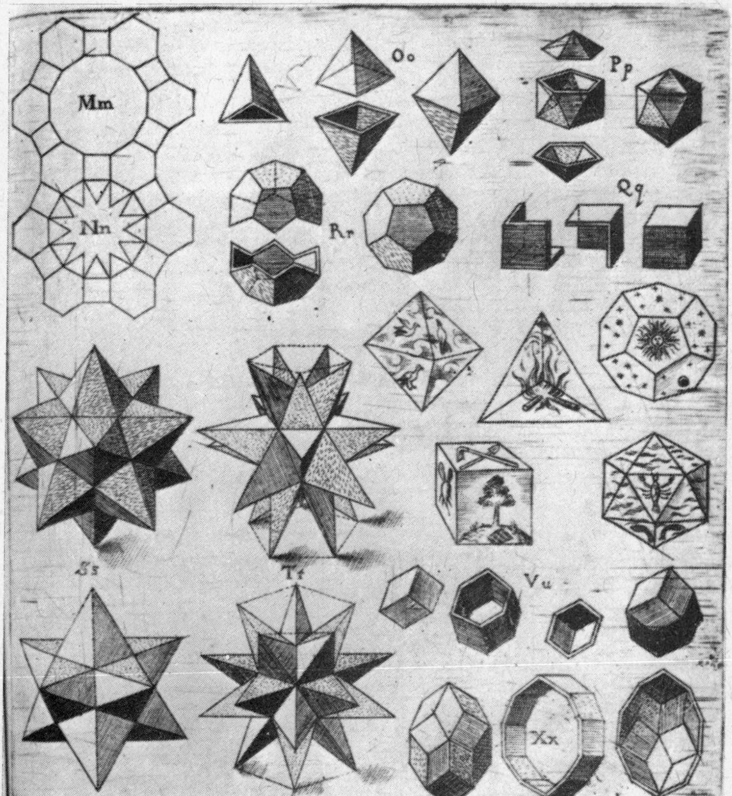

letzten Seite. Aber die Menschheit hat sich, wie es Friedrich Doldinger[27] charakterisierte, so verhalten:

Die Mitwelt hat dich um den Lohn beraubt,
die Nachwelt dir nur das Gesetz geglaubt;
was du vom Wesen sprachst, wer mocht es hören?

Gerade dies aber macht die einmalige Größe Keplers im Gegensatz zu Galileo Galilei und Isaac Newton aus: in bezug auf mathematische Behandlung der Natur stand er ihnen nicht nach. Die Auffindung der drei Gesetze der Planetenbewegungen ist unter vielem anderen ein gültiger Beweis für seine Könnerschaft als exakter Forscher. Aber Kepler ging sowohl in seiner Zielsetzung wie in der tatsächlichen Forschung weit über die Einseitigkeiten von Galilei und Newton hinaus. Novalis hat auf diesen Wesenszug Keplers geblickt: «Zu dir kehr ich zurück, edler Kepler, dessen hoher Sinn ein vergeistigtes, sittliches Weltall sich erschuf, statt dessen, daß in unseren Zeiten es für Weisheit gehalten wird, alles zu ertöten, das Hohe zu erniedrigen, statt das Niedere zu erheben und selber den Geist des Menschen unter die Gesetze des Mechanismus zu beugen.»

Wenn solche Worte auch unseren Ohren vielleicht zu pathetisch klingen, sie treffen genau Wille und Tendenz der Forschung Keplers, die in den beiden Werken *Weltgeheimnis* und *Weltharmonik* zum Ausdruck kommen und allen anderen Schriften unausgesprochen und ausgesprochen zugrunde liegen. Wer Johannes Kepler und seine Weltbedeutung verstehen will, muß darum diesen Kepler gründlich studieren.

Die erste Seite der *Weltharmonik* enthält mehr als ein Inhaltsverzeichnis.[28] Sie ist ein Programm, das dem Leser sogleich die eingeschlagene Richtung deutlich macht:

Weltharmonik
in fünf Büchern

I. Geometrisches Buch. Ursprung und Darstellung der regulären Figuren, welche die harmonischen Proportionen begründen.

II. Architektonisches oder auf der figürlichen Geometrie beruhendes Buch. Kongruenz der regulären Figuren in der Ebene und im Raum.

III. Eigentlich Harmonisches Buch. Ursprung der harmonischen Proportionen aus den Figuren. Natur und Unterschiede der musikalischen Dinge, im Gegensatz zu den Alten.

IV. Metaphysisches, Psychologisches und Astrologisches Buch. Das geistige Wesen der Harmonien und ihre Arten in der Welt. Im besonderen die Harmonie der Strahlen, die von den Himmelskörpern auf die Erde herabkommen, und ihre Einwirkung auf die Natur oder die sublunarische Seele und die menschliche Seele.

Novalis. Anonymes Bildnis

V. Astronomisches und Metaphysisches Buch. Die vollkommensten Harmonien der Himmelsbewegungen und der Ursprung der Exzentrizitäten aus den harmonischen Proportionen.

Ein «Anhang» enthält eine Vergleichung dieses Werkes mit dem III. Buch der Harmonik des Claudius Ptolemäus und mit den harmonischen Betrachtungen des Robertus de Fluctibus (Robert Fludd), Arzt in Oxford, in seinem theosophischen Werk über Makrokosmos und Mikrokosmos.

Schon die Widmung des Werkes ist gezielt. Sie gilt nicht Keplers eigenem kaiserlichen Herrn Matthias, sondern dem Sohn der Maria Stuart, dem *König von Großbritannien, Frankreich und Irland.* Wohl weist Kepler darauf hin, daß Jakob I. England und Schottland unter seiner Krone als Großbritannien vereinigt habe und so *aus beiden Ländern ein Königreich und eine Harmonie gemacht* – also ein politischer *Harmost* – ein Harmonienstifter – sei. Aber es ist zu bezweifeln, ob das für Kepler ausreichend gewesen wäre, sein Hauptwerk, sein Lieblingskind im Geiste, dem König in der Ferne zu widmen. Kepler deutet an, daß er große Hoffnungen auf Jakob I. für die Zukunft hege. Auf jeden Fall sieht er in ihm einen Geistesverwandten und spricht aus, daß er keinen *geeigneteren Patron für mein an Pythagoras und Plato anklingendes Werk über die himmlische Harmonie finden* könne *als in dem großen König, der seine Vorliebe für die Philosophie Platos durch persönliche Leistungen ... bekundet.* Deutlicher konnte Kepler seine geistige Ahnenreihe nicht aufzeigen. Als Pythagoräer, als Platoniker und als Christ will er in all seinem Tun und Forschen verstanden sein.

Drei der fünf Bücher der *Weltharmonik* schickt er je ein Zitat des Neuplatonikers Proklos voraus.[29] Die Auswahl zeigt, daß er jede Einzelheit seiner Darstellung in einen großen Zusammenhang eingeordnet wissen möchte.

Zu Buch I: *Für die Betrachtung der Natur leistet die Mathematik den größten Beitrag, indem sie das wohlgeordnete Gefüge der Gedanken enthüllt, nach denen das All gebildet ist ... und die einfachen Urelemente in ihrem ganzen harmonischen und gleichmäßigen Aufbau darlegt, mit denen auch der ganze Himmel begründet wurde, indem er in seinen einzelnen Teilen die ihm zukommenden Formen annahm.*

Zu Buch III: *Für die Theologie arbeitet die Mathematik dem gedanklichen Aufbau vor. Denn was für Erkenntnis der Wahrheit über das Göttliche den Uneingeweihten schwierig und hoch erscheint, das legen die mathematischen Begriffe mit Hilfe von Bildern als überzeugend, offenkundig und unwiderleglich dar. Sie zeigen die Offenbarungen der überwesentlichen* (= übersinnlichen) *Eigenschaften in den Zahlen auf und lassen die Kräfte der intelligiblen* (= spirituellen) *Formen in den intellektuellen hervortreten. Daher gibt uns Plato viele wunderbare Lehren über das Göttliche mit Hilfe der mathematischen Begriffe, und die Philosophie des Pythagoras verbirgt hinter diesen wie hinter einem Vorhang die Einführung in die Mysterien der göttlichen Lehren ...*

In ethischer Hinsicht vervollkommnet uns die Mathematik, indem sie unseren Sitten Ordnung und Harmonie in der Lebensführung einpflanzt. Sie gibt Körperhaltungen, wie sie zur Tugend passen, und Melodien und Bewegungen an die Hand, wie auch jener Gastfreund aus Athen will, daß hierdurch alle die, die von Jugend an nach Tugend streben, zur Vollkommenheit gelangen sollen. Die Wohlordnung der Tugend breitet sie vor uns aus, und zwar anders in Zahlen, anders in Figuren, anders in musikalischen Harmonien; sie zeigt uns auch, was die Laster zuviel oder zuwenig an sich haben. Durch all das verleiht sie uns Ebenmaß des Charakters und sittliche Anmut.

Zu Buch IV: *Für die Betrachtung der Natur leistet die Mathematik den größten Beitrag, indem sie das wohlgeordnete Gefüge der Gedanken enthüllt, nach dem das All gebildet ist, und die Analogie aufzeigt, die wie Timäus einmal sagt, alles in der Welt miteinander verbindet, Widerstreitendes aussöhnt und Fernliegendes in Zusammenhang und Sympathie bringt ... Dies wollte auch, so glaube ich, Timäus zeigen, wenn er allenthalben mit mathematischen Bezeichnungen seine Betrachtung der Natur des Alls darlegt, die Entstehung der Elemente durch Zahlen und Figuren erklärt und ihre Kräfte im Erleiden und Handeln auf diese zurückführt ...*

Jakob I., König von England.
Schabkunstblatt nach Anthonis van Dyck, 1617

Was die sogenannte Staatslehre anlangt, wie konnte man leugnen, daß hier die Mathematik viel Wunderbares ausrichtet, indem sie die rechte Zeit zum Handeln, die verschiedenen Perioden des Alls ... sowie die Zahlen bemißt, die entweder zu einem harmonischen Leben hinführen oder zu einem unharmonischen verleiten und allgemein entweder reiche Saat oder kärglichen Mangel bringen.

Dieses Hohelied, das Proklos als Pythagoras- und Platon-Schüler auf die Weltbedeutung der Mathematik und qualitativen Zahlenlehre singt, hätte ebensogut von Johannes Kepler selbst verfaßt werden können. Es ist der gleiche Geist, der auch ihn ergriffen und aus dem er sein ganzes Lebenswerk, insbesondere aber seine *Weltharmonik,* geschrieben hat.

Es kann keinem Leser die Arbeit abgenommen werden, in das Werk einzudringen. Man muß es sich selbst erarbeiten, will man mit Kepler die Welt sehen und verstehen. Die *Weltharmonik* mit ihren fünf Abschnitten ist ohne ungewöhnliche Anstrengung nicht anzueignen. Es bedeutet schon viel, wenn ein Leser in der Lage ist, Keplers mathematischen Gedankengängen zu folgen, die stets vorder- und hintergründig zugleich sind. Im Gegensatz zur mittelalterlichen Zahlensymbolik eines Agrippa von Nettesheim oder Tritheim von Sponheim meint Kepler immer zunächst die Zahl der Quantität und die Figur der Geometrie. Aber mit beiden geht er so um, daß der spirituelle Untergrund der Welt wie von selbst hindurchschimmert – ohne daß irgend ein mystisches Dunkel die gewonnene Klarheit tilgt. Kepler selbst ist sich der Schwere und Größe seiner Aufgabe in seltener Weise bewußt. Er formuliert das Besondere seiner Methode in der Vorrede zum ersten Buch, daß er *ja nicht in der Philosophie als Mathematiker, sondern in diesem Teil der Mathematik als Philosoph auftrete.* Präziser kann der Unterschied der Art, wie noch Nikolaus von Kues in seiner Philosophie die Mathematik anwendet, zu Johannes Kepler, der als Mathematiker philosophiert, nicht gekennzeichnet werden. Kepler fährt in seiner Vorrede fort: *Ich wünschte nur, ich hätte über die geometrischen Fragen noch populärer, klarer und greifbarer reden können. Allein ich hoffe, die geneigten Leser werden in beiden Fällen, wenn ich geometrische Dinge in populärer Form vortrage oder wenn es mir nicht gelang, die Dunkelheit des Stoffs durch eindringlichen Fleiß zu überwinden, meine Bemühung freundlich aufnehmen.*

Zum Schluß der Vorrede zum ersten Buch gibt er den Lesern den Rat, *wenn sie der Mathematik gänzlich unkundig sind,* seine Aufzählungen zu *übergehen und nur die Sätze vom 30. an bis zum Schluß zu lesen.* Ob es einem solchen Leser allerdings möglich sein wird, die letzten neunzehn Leitsätze, die ihrerseits weiter erhebliche – auch mathematische – Anforderungen stellen, zu meistern, mag offenbleiben.

Wenn schon die ersten beiden Bücher Kenntnisse in allgemeiner

Tonskala der Planeten. Nach Keplers «Harmonices mundi»

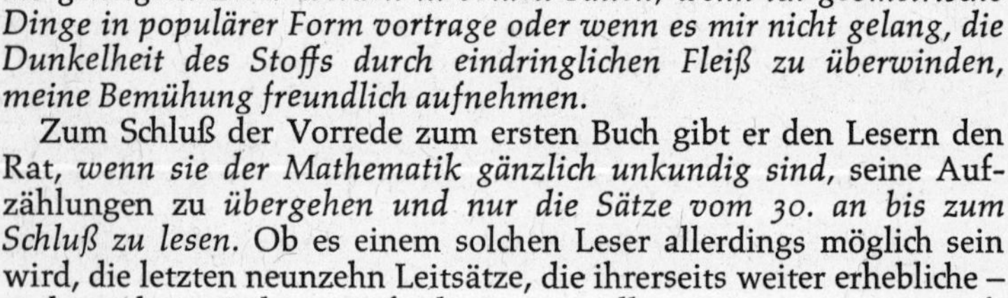

Mathematik und Geometrie voraussetzen, so verlangt das dritte Buch zusätzlich gründliche Vertrautheit mit musikalischen Phänomenen. Rein äußerlich ist es von den fünf Büchern das umfangreichste. War bei den ersten vor allem Platon der geistige Pate, dessen kosmologische Ideen Kepler durch konkrete Geometrie und Körperkunde verdichtete, so spricht im dritten Buch Kepler als Schüler des Pythagoras. Doch ist er nicht gewillt, nur eine Neuauflage der Pythagoräer-Lehren zu bringen. In souveräner Weise ist er bemüht, durch geistiges Verständnis der konkreten Musik, der Einzeltöne, der Oktave, der alten und neuen Tonarten, von Dur und Moll, Konsonanz und Dissonanz, Stimm-Höhe und -Tiefe usw. den Weg zu den Harmonien, aus denen die Welt geworden ist, neu gangbar zu machen. Man weiß nicht, was man hier mehr bewundern soll, Keplers offenkundige hohe Musikalität oder die mathematische Klarheit, mit der er alle Phänomene im Klang- und Ton-Bereich darstellt.

Mit dem vierten Buch setzt Kepler zum Höhenflug auf sein eigentliches Ziel an. Die Überschrift *Die harmonischen Konfigurationen der Gestirnstrahlen an der Erde und ihre Wirkung in der Erregung von Wetter und anderen Naturerscheinungen* verbirgt bescheiden die Größe des Unternehmens. Das Thema «Wie stand Kepler zur landläufigen Astrologie seiner Zeit?» ist seit seinem Tod bis zum Überdruß behandelt. Auch wir werden später noch anläßlich seiner Begegnung mit Wallenstein darauf zurückkommen müssen. Hier aber, im vierten Buch, findet sich der Keim zu einer zukünftigen Sternenkunde als Erfahrungswissenschaft, die über die mathematisierende Astronomie in Richtung einer neuen Astrosophie einen entscheidenden Schritt hinausgeht.[30]

Das Ungenügende eines materialistisch-mechanistischen Weltbildes kann besonders bewußt werden, wenn es um die Erforschung der Erde als Weltwesen geht. Der unbefangene Mensch, der ein natürliches Verhältnis zu den Tages- und Jahreszeiten, zu Meer und Gebirge, Wind und Wetter hat, erlebt dies alles als Äußerungen einer Ganzheit – auch wenn er die Zusammenhänge im einzelnen nicht durchschaut. Ihm wird nie einleuchten, daß die Lebenserscheinungen der Erde nicht Äußerungen eines Organismus sind, der als Ganzes besteht, lebt und vergeht. Hier setzt Kepler mit seinem Erkenntnisbemühen ein. Für ihn ist die Erde ein Weltwesen, das wie ein gewaltiges Tier am Leitseil der Sonne sich durch das Weltall bewegt, selbst wie träumend wahrnimmt, atmet und einen regelmäßigen Stoffwechsel hat. Das aber setzt voraus, daß die Erde – so wie jegliches Tier – auch eine Seele hat. Daß dem so ist, gehört für Kepler zu den *sicheren Tatsachen*. Als Platoniker liegt ihm auch der Begriff der «Weltseele» als eine erfahrbare Gegebenheit nahe. Dabei will er deutlich zwischen Geist und Seele unterschieden wissen. Im Sinne von Pythagoras, Platon, Proklos und anderen *ist die Seele etwas vom Geist Verschiedenes. Während der Geist einfach ist, so ist ... die Seele vielfältig in ihrem Vermögen. Während die Ideen aller Sinnendinge primär durch sich, rein und ewig gleichbleibend dem*

Geiste innewohnen, sind sie in der Seele in sekundärer Weise enthalten ... mehr zur Materie hinneigend ... Das Ganze geht darauf hinaus, daß der Christ sehr wohl unter dem Platonischen Geist Gott den Schöpfer und unter der Seele die Natur der Dinge verstehen kann.

Man sieht, Kepler ist an dieser Stelle vorsichtig und tastet ab, wie weit sich die Idee einer Weltseele mit der christlichen Theologie verträgt. So fügt er hinzu: *Falls es eine solche gibt, so hat sie, wie mir scheint, ihren Sitz im Weltmittelpunkt, der für mich die Sonne ist; von diesem aus verbreitet sie sich in alle Weiten durch Vermittlung der Lichtstrahlen, die an die Stelle der Lebensgeister im beseelten Körper treten.* Im fünften Buch kommt er auf dieses zentrale Weltgeheimnis wieder zurück. Im vierten Buch hält er sich, wie gesagt, soweit es die Weltseele angeht, noch zurück. Um so eindeutiger prägt er aber den Begriff *Erdseele*, ohne die der Lebens-Schauplatz der Menschheit völlig unverständlich bleiben müßte.

Für Kepler gilt es auf Grund seiner eigenen Wahrnehmungen als ausgemacht, daß die Wettererscheinungen auf Erden aus einem Zusammenspiel kosmischer Einflüsse und irdischer wechselnder Gegebenheiten resultieren. Die Erde nimmt als dumpf fühlendes Wesen den einfallenden Strahlenwinkel der Planeten, des Mondes, der Sonne wahr. Die Erdseele lebt in der *Materie des Regens, des Windes, des Nebels, der Gewitter und der Nordlichter*, wie die Seele eines Tieres in der Materie seines Leibes. Darum *wird auch jene Seele sich nicht nur auf der Oberfläche, sondern auch innen in den unterirdischen Höhlen, in den Gängen der Berge befinden. Schließlich wird die Erdkugel ein Körper sein wie der des Tieres, und was für das Tier die Seele ist, das ist für die Erde eben die sublunarische Natur, um die es sich hier handelt, die bei der Gegenwart von Aspekten Unwetter hervorruft.*

Man bedenke, daß in der Zeit Keplers das Barometer noch nicht erfunden war. Erst Galileis Schüler Evangelista Torricelli schuf dafür die gedanklichen und technischen Voraussetzungen. Die periodischen und die a-rhythmischen Schwankungen von Hoch- und Tiefdruck der Luftatmosphäre waren noch nicht erkannt. Aber wie Goethe in seiner Witterungslehre sah Kepler in den Wettervorgängen nicht nur von außen, zum Beispiel von der Sonne her, erregte Prozesse, sondern zugleich Lebensäußerungen, Lebensantworten des großen Organismus Erde. Gewiß, die Vergleiche, die Kepler zur Verdeutlichung heranzieht, erscheinen uns heute reichlich naiv. So führt er aus: *Die Erde erscheint nämlich bisweilen träge und störrisch, während sie zu anderer Zeit ... heftig aufgewühlt, starken Ausdünstungen den Lauf läßt, auch ohne Fortdauer der Aspekte. Denn die Erde ist nicht ein Tier mit der Art des Hundes, der auf jeden Wink pariert, sondern mit der eines Ochsen oder Elefanten, also ein Tier, das nicht leicht in Zorn zu bringen ist, dann aber um so wütender wird, wenn der Zorn entbrannt ist.*

Kepler fährt fort: *Da ich mit der Analogie vorankam, geschah es, daß ich sie noch weiter trieb und die Körper der Tiere mit dem der Erde verglich. Ich fand dabei, daß das allermeiste, was aus einem Tierkörper herauskommt und damit bekundet, daß diesem eine Seele innewohnt, auch aus dem Körper der Erde herauskommt. Wie nämlich der Körper auf der Oberfläche der Haut Haare, so bringt die Erde Pflanzen und Bäume hervor, und wie dort Läuse entstehen, so hier Raupen, Grillen und andere Insekten sowie Meeresungeheuer. Wie die Körper Tränenflüssigkeit, Nasenschleim, Ohrenschmalz . . . so die Erde Bernstein und Erdpech. Wie die Blase den Urin fließen läßt, so die Berge Flüsse. Wie der Körper ein Exkrement von schwefligem Geruch und laute Winde, die entzündbar sind, von sich gibt, so die Erde Schwefel und unterirdisches Feuer unter Donner und Blitz. Wie in den Adern des Tieres Blut entsteht und damit auch der Schweiß, der aus dem Körper ausgeschieden wird, so in den Adern der Erde Metalle und Kristalle sowie Regendampf.* Man übersehe die scheinbare Primitivität der von Kepler vorgebrachten Analogien und halte sich an das, worauf es ihm ankommt: die Erde als einen beseelten Organismus zu verstehen, auf den zum Beispiel Begriffe wie Gesundheit und Krankheit anwendbar sind.

Da Erde und Mensch im Naturganzen eine Einheit bilden, haben sie auch die gleiche Fähigkeit der unbewußten Welt-Wahrnehmung. So wie das Auge bewußt das Licht aufnimmt und der Sehvorgang des Auges wesentlich durch den Einfallswinkel des Lichtstrahls beeinflußt wird, nimmt die unbewußt empfindende Seele von Erde und Mensch den Einfallswinkel von Sonne, Mond und Sternen auf und reagiert dementsprechend. In diesen Tatsachen liegt für Kepler die Berechtigung der Astrologie. Insofern der Kosmos unaufhörlich im Sternenreigen schwingt und von Stunde zu Stunde sich die Einfallswinkel der Planeten ändern, gilt es nach Kepler für den Sternenforscher, diesen Ein-fluß quantitativ und qualitativ zu studieren und zu deuten.

Darum ist von einem Astrologen, der in Keplers Sinn seine Aufgabe wissenschaftlich ernst nimmt, als erstes ein gewissenhaft angefertigtes, mathematisch einwandfreies Kosmogramm, üblicherweise Horoskop genannt, zu fordern. Es liegt im Wesen der Welt begründet, daß es nie zwei absolut gleiche Horoskope gibt. Welche Stunde und Minute auch immer festgehalten werden soll, sei es die der Empfängnis oder Geburt eines Menschen oder von irgendeinem anderen Ereignis – nie sind zwei Horoskope identisch. Selbst wenn Geschehnisse absolut zeitgleich wären, würden sie doch an verschiedenen Orten der Erde sich zugetragen haben und damit der Einfallswinkel, wenn auch vielleicht minimal, geändert sein.

Die zweite, ungleich schwerer zu erfüllende Forderung an einen Astrologen ist die Fähigkeit der Deutung eines vorliegenden «Kosmogrammes». Hier scheiden sich – und schieden sich schon zu Keplers Zeiten – die Geister. Denn die Voraussetzung, die hier erfüllt sein muß, ist die Anerkennung der Tatsache, daß Mensch und Welt nur viergliedrig zu verstehen sind. Solange Griechen und Christen,

Antike und Mittelalter als Lehrmeister in der denkenden Erkenntnis Aristoteles anerkannten, gab es auf diesem Feld der von Chaldäern und Ägyptern übernommenen Astrologie keine Probleme. Denn für einen Aristoteles-Schüler war es selbstverständlich, daß sowohl der Mensch wie die Erde und das Weltall jeweils aus Leib, Leben, Seele und Geist (*νους*) bestehen. Kepler vollzog die unerhörte Leistung, daß er sich sowohl von der üblichen Astrologie des Mittelalters, die im wesentlichen zum Aberglauben abgesunken war, wie von der abstrakten Denkart des scholastischen Aristotelismus freigekämpft hatte und dennoch die Vielschichtigkeit von Mensch und Welt selbständig und neu durchdachte und anerkannte. So trat das ein, daß er sowohl die uralten «Gefäße der Ägypter» retten wie in einmaliger Weise die Erkenntnis-Zukunft vorbereiten konnte. Doch müssen wir uns zunächst noch mit seiner Sonnenlehre beschäftigen.

Das fünfte Buch

Wir wiesen darauf hin, daß es um die Entdeckung des «unbekannten» und «eigentlichen» Johannes Kepler geht. Dies geschah aus der Überzeugung, daß Keplers eigenes hohes Selbstverständnis ein durchaus berechtigtes und begründetes war – daß es aber nicht identisch ist mit dem traditionellen Kepler-Bild, das heute anerkannt, gerühmt, ja verehrt wird.

Wie Kepler über sich und sein Werk dachte, hat er wohl an keiner Stelle so offen ausgesprochen wie in der Vorrede zum fünften Buch der *Weltharmonie*.

Durch seinen treuen Förderer und Freund, den bayrischen Kanzler Johann Georg Herwart von Hohenburg, hatte Kepler ein Werk des Ägypters Ptolemäus erhalten, das ihn ungewöhnlich erregte. Übermächtig ergriff ihn die Einsicht, daß schon 1500 Jahre vor ihm ein Denker über dieselben Probleme Betrachtungen angestellt hatte, die ihn selbst zutiefst beschäftigten: *Denn wozu bedarf es vieler Worte? Die Natur selber wollte sich den Menschen offenbaren durch den Mund von Männern, die sich zu ganz verschiedenen Jahrhunderten an ihre Deutung machten. Es liegt ein Fingerzeig Gottes darin, um mit den Hebräern zu reden, daß im Geist von zwei Männern –* er meint Ptolemäus, den Alexandriner, und sich selbst –, *die sich ganz der Betrachtung der Natur hingegeben hatten, der gleiche Gedanke an die harmonische Gestaltung der Welt auftauchte; denn keiner war Führer des andern beim Beschreiten des Weges. Jetzt, nachdem vor achtzehn Monaten das erste Morgenlicht, vor drei Monaten der helle Tag, vor wenigen Tagen aber die volle Sonne einer höchst wunderbaren Schau aufgegangen ist, hält mich nichts zurück. Jawohl, ich überlasse mich heiliger Raserei. Ich trotze höhnend den Sterblichen mit dem offenen Bekenntnis: Ich habe die goldenen Gefäße der Ägypter geraubt, um meinem Gott daraus eine heilige Hütte einzurichten, weitab von den Grenzen Ägyptens. Verzeiht ihr mir, so freue ich mich. Zürnt ihr mir, so ertrage ich es. Wohlan, ich werfe den Würfel und schreibe ein Buch für die Gegenwart oder die Nachwelt. Mir ist es gleich. Es mag hundert Jahre seines Lesers harren, hat doch auch Gott sechstausend Jahre auf den Beschauer gewartet.*

Die letzten trotzigen Zeilen Keplers findet man häufig zitiert, zumeist aus dem Zusammenhang herausgenommen, in dem sie geschrieben sind.

Sie leiten, wie gesagt, das fünfte Buch der *Weltharmonie* ein. Das ganze Werk enthält die Summe von Keplers geistigem Schaffen, das fünfte Buch aber birgt die Quintessenz des Ganzen. Hier triumphiert sowohl der Astronom Kepler wie der Astrologe und Theologe.

Im dritten Kapitel trägt er mit wenigen Sätzen das für den Fortgang der Astrophysik entscheidende «dritte Gesetz» der Sternenumläufe vor. Dies geschieht mit solcher Selbstverständlichkeit, daß der Leser, soweit er nicht sachkundig ist, es leicht unter der Fülle des sonst Mitgeteilten gar nicht bemerkt. Es ist, wie oben ausgeführt, nach dem «Ellipsensatz» und dem «Flächensatz» nun das dritte Keplersche Gesetz. So spricht er es an dieser Stelle aus: *Allein es ist ganz sicher und stimmt vollkommen, daß die Proportion, die zwischen den Umlaufzeiten irgend zweier Planeten besteht, genau das Anderthalbe der Proportion der Mittleren Abstände, d. h. der Bahnen selber ist, wobei man jedoch beachten muß, daß das arithmetische Mittel zwischen den beiden Durchmessern der Bahnellipse etwas kleiner ist als der längere Durchmesser. Wenn man also von der Umlaufszeit z. B. der Erde, die ein Jahr beträgt, und von der Umlaufszeit des Saturn, die 30 Jahre beträgt, den dritten Teil der Proportion, d. h. die Kubikwurzeln nimmt und von dieser Proportion das Doppelte bildet, indem man jene Wurzeln ins Quadrat erhebt, so erhält man in den sich ergebenden Zahlen die vollkommen richtige Proportion der mittleren Abstände der Erde und des Saturns von der Sonne.*

Heute wird dieses Gesetz der Planetenumläufe (einschließlich der Erde), das tatsächlich die Krönung der ganzen Astronomie Keplers ist, so formuliert: Die Quadrate der Umlaufzeiten verhalten sich wie die dritten Potenzen ihrer mittleren Abstände von der Sonne.

Keplers Jubel über das von ihm aufgefundene Gesetz bleibt unverstanden, wenn man meint, es handle sich für ihn selbst nur und ausschließlich um eine mathematische Lösung der Planetenumläufe. Damit wären den Ägyptern noch lange nicht die *goldenen Gefäße geraubt*. Für Kepler hat dieser Schlußstein im Gebäude seiner Astronomie den Charakter eines Gottesbeweises. Mag die Welt der Menschen noch so disharmonisch verlaufen und fortgesetzt neue Disharmonien erzeugen: die Sternenwelt folgt Gesetzen, welche die Offenbarung eines harmonischen Ursprungs sind – und dieser ist Gottes. Das ist sein Grundgedanke, sein Grunderlebnis. Doch bleibt er hier nicht stehen. Aufgabe der wahrhaft Sternenkundigen ist es, diesen Harmonie-Gesetzen, die seit dem Urbeginn der Schöpfung walten, erkennend nachzuspüren und sie der Mitwelt zu verdeutlichen. So, und nur so, werden in Keplers Augen die Sternenlehrer ihrem Auftrag gerecht, als Priester der Natur das Offenbarungsbuch der Natur für die Menschen lesbar zu machen.

Das primäre Urwort, das es vor allem anderen im Buche der Natur zu verstehen gilt, ist ihm die Sonne. So wie er die Erde nur als lebendiges Weltwesen, das eine S e e l e hat, begreift, ist ihm die Sonne die höchste Offenbarung des göttlichen G e i s t e s. Dies darzustellen, immer erneut von verschiedenen Aspekten anzudeuten und schließlich unverhüllt auszusprechen, d a s ist der Zielgedanke der *Weltharmonie* und vor allem des fünften Buches und seines Schlußkapitels.

Auf Grund lebenslanger Bemühungen um totales Verständnis der Sternenwelt und insbesondere unseres Planetensystems ist Kepler von der Vorstellung beherrscht, daß von der Sonne als dem dynamischen Zentrum die Kraft ausgeht, welche die uns bekannten Wandelsterne in ihren – von Kepler als Ellipsen vorgestellten – Umläufen

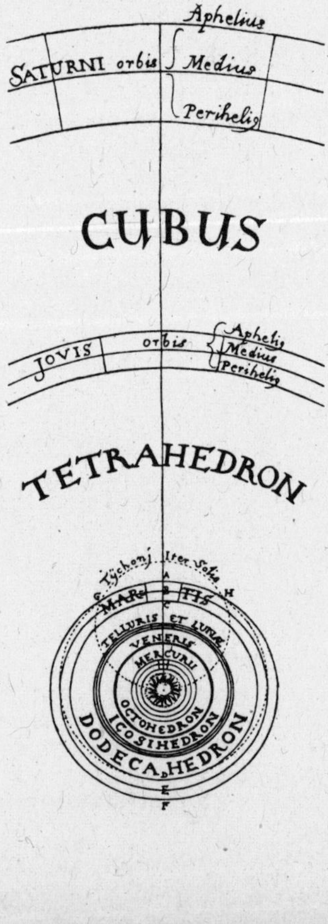

Die fünf Körper im Planetensystem. Aus «Harmonices mundi»

bewegt. Niemals ist für ihn denkbar, daß der Mittelpunkt des Ganzen ein «toter Gasball» oder eine leere Kugel sei. Wenn schon die Erde ein beseelter Organismus ist, wieviel mehr jenes leitende Gestirn, von dem die Erde mit ihren Lebewesen die entscheidenden Lenkungs-Impulse erhält.

Schon in Keplers Auseinandersetzung mit dem «Sternenboten» Galileis (1610), in der es in erster Linie um das Mondbild und um die von Galilei mit seinem neuen Fernrohr entdeckten vier Jupiter-Monde geht, kommt er auf den Rang der Erde und der Sonne zu sprechen: *Die Wissenschaft vom Weltenraum ist einzig und ewig und strahlt wieder aus dem Geiste Gottes. Daß die Menschen an ihr Teil haben dürfen, ist mit einer der Gründe, weshalb der Mensch das Ebenbild Gottes genannt wird ... Die Sonne steht doch gewiß in der Mitte der Welt, als ihr Herz, als Quelle des Lichtes und der Wärme, als Ursprung des Lebens und aller Bewegung. Aber es scheint, daß der Mensch, wie billig, jenem königlichen Herrscherzelt hat entsagen müssen. Der Himmel ist dem Herrn des Himmels, die Sonne der Gerechtigkeit, die Erde aber den Kindern der Menschen gegeben. Denn obgleich Gott keinen Leib hat und keiner Wohnstätte bedarf, so sendet er dennoch von der Sonne ... mehr Kräfte aus, die die Welt leiten, als von den anderen Weltkugeln.* Fast unvermerkt hat hier der Theologe dem Astronomen die Feder aus der Hand genommen und fährt fort: *Aus der Eigenart seines Wohnortes soll der Mensch seine eigene Dürftigkeit erkennen und den überquellenden Reichtum Gottes; er soll einsehen, daß er nicht Ausgang und Ursprung aller Pracht der Welt ist, sondern abhängt von ihrem Urquell und Ursprung ... Nach der Sonne aber gibt es keinen edleren und den Menschen gemäßeren Ort als die Erde.*

Diesen Gedanken von der Sonne als dem *königlichen Herzen* der Welt greift Kepler nun zum Schluß der *Weltharmonie* wieder auf: *Wie immer es sich verhalten mag, zweifellos ist, daß die sechs Hauptbahnen um die Sonne so herumgelegt sind, daß sie dieselbe durch ihr ewiges Umkreisen hegen und gleichsam anbeten ... wobei hinzukommt die besondere Harmonik, die ein klares und deutliches Merkmal der höchsten Vorsorge für die Sonnenwelt ist. Dies alles zwingt mich zu dem Bekenntnis, daß von der Sonne, dem Brennpunkt oder dem Auge der Welt, das Licht nicht nur in die ganze Welt ausstrahlt wie das Leben und die Wärme aus dem Herzen – als dem Regenten und Urbeweger alles Bewegten – sondern, daß sich auch alle Ausflüsse der Welt in der Sonne sammeln. Mit dem Rechte des Königs bezieht sie gleichsam die Abgaben: wunderbar liebliche Klänge der Harmonie ... Kurz: es ist in der Sonne der Hof, das Schloß, der Palast des ganzen Naturreiches, wem immer als Kanzler, Paladin und Minister vom Schöpfer diese Wirkensstätte gegeben und hier ihre Sitze bereitet wurde – seien es Wesen vom Urbeginn der Welt an, seien sie später dahin verwiesen.*

Johannes Kepler weiß sehr wohl, daß er mit diesen Aussagen über das Wesen der Sonne und ihre Geistbewohner die Grenzen sowohl der Theologie wie die der Naturwissenschaft seiner Zeit erheblich überschreitet. Das aber kümmert ihn wenig. Er weiß sich in gutem Verein mit den Pythagoräern, mit Platon, mit Orpheus, Proklos und Julian, dem sogenannten Apostaten, und gibt deutlich zu verstehen, daß ihm das traditionelle Christentum in seiner Naturfeindlichkeit und Kosmosfremdheit zu eng erscheint. Ihm wird das Verhältnis der zentralen Sonne zu den sie umkreisenden Sternen zu einem Gleichnis: *Wie sich die sechs Sphären zu ihrem gemeinsamen Mittelpunkt, d. i. zum Mittelpunkt der ganzen Welt verhalten, so verhält sich auch der diskursive Verstand zur Vernunft* (διανοια-νους) ... *In der Sonne aber wohnt die unmittelbare Anschauung, das Geistfeuer oder der Nus, die Quelle der Harmonie – wer immer dieser Geist sein mag.*

So führt Kepler behutsam und mutig zugleich bis zu der einsamen Höhe, wo sich wie von selbst die Frage erhebt nach dem Namen dieses Sonnengeistes. Ihm war bewußt, was einst den Persern Ahura Mazdao, den Ägyptern Osiris, den Griechen und Römern Apollo, den Germanen Baldur bedeutete. Aber Kepler wußte auch, daß es gefährlich für einen Christen war, nun den entscheidenden Schritt weiterzugehen. Er, der von der Gegenreformation Vertriebene und von der lutherischen Kirche Exkommunizierte, betrat mit seiner Sonnenlehre ein Gebiet, das von beiden Konfessionen als Domäne der gnostischen Ketzer verschrien war. Aber Kepler, der durchaus die äußere, sichtbare Sonne von der inneren, unsichtbaren zu unterscheiden weiß, kann und will um theologischer Engstirnigkeiten willen auf keinen Fall seinen letzten Grundgedanken unausgesprochen lassen. Wenn schon die Erde beseelt ist und in ihrer Hülle das Menschengeschlecht birgt, wieviel mehr muß dann dem sichtbaren, leuchtenden Leib der Sonne wirksame Geistigkeit zugeordnet sein: *Jene Kugel soll leer, die übrigen aber erfüllt sein, wenn alle übrigen Erscheinungen einander so gut entsprechen, wenn wie die Erde Wolken, so die Sonne schwarze Rußschwaden ausdünstet, wenn wie die Erde von Regen benetzt wird und dann ergrünt, so die Sonne nach der Verbrennung ihrer Flecken aufleuchtet, indem auf ihrem ganzen feurigen Körper hellere Flämmchen hervorstrahlen? Wozu diese Anstalt, wenn die Kugel leer ist? O, alle Sinne rufen es aus: Hier wohnen feurige Leiber, die Geister klarer Anschauung bergen – die Sonne ist wohl in Wahrheit nicht die Königin selbst, wohl aber das Königsschloß, in dem das Feuer des Geistes herrscht.*

Was Kepler hier zum Schluß der *Weltharmonie* ausruft, das, und nichts anderes, meinte er *mit dem Raub der goldenen Gefäße der Ägypter*: die Lehre vom erhabenen Geiste der Sonne, von Osiris.

Es folgt noch ein von ihm selbst verfaßter Psalm:

Groß ist unser Herr und groß seine Kraft und seiner Weisheit ist keine Zahl. Lobpreist ihn ihr Himmel, lobpreist ihn Sonne, Mond und Planeten, welchen Sinn ihr auch habt zu erkennen, welche Zunge zu rühmen euren Schöpfer. Lobpreiset ihn, ihr himmlischen Harmonien, lobpreist ihn alle, die ihr Zeugen der nun entdeckten Harmo-

nien seid. Lobpreise auch du, meine Seele, den Herren, deinen Schöpfer, solange ich sein werde. Denn aus ihm und durch ihn und in ihm ist alles. Das, was mit den Sinnen erfaßt, wie das, was im Geist erkannt wird. Das, was uns noch gänzlich unbekannt ist, wie das, was wir wissen und was nur einen kleinen Bruchteil von jenem ausmacht; denn mehr noch liegt darüber hinaus. Ihm sei Lob, Ehre und Ruhm in alle Ewigkeit. Amen.

Und an den Rand ließ er drucken: *Du vor allen, Mästlin, in deinem glücklichen Alter! Denn du hast mir immer wieder Hoffnung gemacht und mein Streben belebt.* Es spricht für die Treue Keplers, daß er so seinen Lehrer ehrt, obwohl, wie wir sahen, kaum jemand ihn zugleich so enttäuscht hat wie Mästlin. Das Buch endet:

Dieses Werk wurde am 27. Mai des Jahres 1618 vollendet. Das V. Buch aber wurde (während der Druck voranschritt) bis zum 19. Februar 1619 noch einmal überprüft.

In Linz, der Hauptstadt von
Österreich ob der Enns.

Im Mai 1618 nahm gleichzeitig der Dreißigjährige Krieg seinen Anfang.

DER HEXENPROZESS GEGEN KEPLERS MUTTER

Eine schlimme Belastung für das Leben Keplers in der Linzer Zeit bedeutete der sechsjährige Hexenprozeß gegen seine Mutter. Nur mit stärkstem persönlichem Einsatz gelang es ihm, seine Mutter vor Folter und Verbrennung zu retten.

Wir berühren damit ein besonders dunkles Kapitel aus der Geschichte des Protestantismus. Der Geburtsort Keplers, Weil der Stadt, umfaßte etwa zweihundert Familien – war also ein kleiner Flecken. In dem kurzen Zeitraum von 1615 bis 1629, innerhalb von vierzehn Jahren, wurden dort nicht weniger als 38 alte Frauen als Hexen verbrannt. Kepler zitiert ironisch in einem von ihm an den Vizekanzler Sebastian Faber in Stuttgart gerichteten Brief das von ihm selbst so bezeichnete *unchristliche Sprichwort*: *Nur auf den Scheiterhaufen mit den alten Weibern.* Das benachbarte Leonberg, in dem Katharina Kepler als Witwe ihren Wohnsitz hatte, stand in dieser seltsamen «Altersversorgung» Weil der Stadt nicht nach. Allein im Winter 1615 wurden dort sechs «Hexen» auf dem Holzstoß verbrannt. Es genügte, ein «böses, zänkisch Weib» zu sein – schon geriet die Betroffene in den Verdacht, sie stehe mit dem Teufel im Bunde. Ein solches Gerücht war lebensgefährlich. Man kann sich dem Eindruck nicht entziehen, daß in dem «christlichen» Schwaben von damals die beteiligten Familien vielfach der Meinung waren, daß die alten Frauen «zu lang gelebt und wegen der Mängel des

Greisentums verdrießlich geworden waren». So schickte man sie «zum Teufel in die Hölle» und war sie los.

Mit Sicherheit läßt sich sagen, daß Keplers Mutter ohne die Hilfe ihres Sohnes Johannes auf dem Scheiterhaufen verbrannt wäre. Der Beistand, den der um fünfzehn Jahre jüngere Bruder Christoph, ein biederer Zinngießer in Leonberg und Drillmeister bei der Miliz, anfangs geleistet hatte, war zu schwach und zaghaft. Wer eine Hexe, und wenn es die eigene Mutter war, verteidigte, machte sich verdächtig. So konnte auch Keplers Schwester Margarete, verheiratet mit dem Pfarrer Georg Binder in Heumaden bei Stuttgart, für die Mutter wenig ausrichten, zumal der Pfarrer schon zuvor seiner Schwiegermutter das Haus verboten hatte. Er fürchtete offensichtlich, daß durch den Prozeß ein Schatten auch auf ihn fallen und er in seinem Amt Schaden leiden könnte.

Keplers selbstloser Einsatz für seine Mutter ist um so höher zu bewerten, als er sich über ihren Charakter und die aus diesem hervorgehenden Taten bzw. Untaten keine Illusionen machte. In einem Brief an Sebastian Faber spricht er offen von den *nicht wenigen Fehlern, von welchen meine Mutter geplagt wird, als da sind Geschwätzigkeit, Neugier, Jähzorn, Böses wünschend, hartnäckig sich beschwerend, welche Fehler in diesem Alter höchst verbreitet sind*[31].

Der Prozeß gegen Katharina Kepler begann im Sommer 1615, das Vorspiel dazu schon 1614. Kepler selbst erfuhr von der Bedrohung erst durch einen Brief seiner Schwester Margarete vom 22. Oktober 1615, der ihn am 29. Dezember erreichte. Mit dieser Hiobsbotschaft ging für ihn das Jahr 1615 zu Ende. Schon am 2. Januar 1616 antwortet er mit einem ausführlichen Verteidigungsbrief an Vogt, Bürgermeister und Gericht der Stadt Leonberg. Das Schreiben läßt keinen Zweifel darüber, daß Kepler mit allen ihm als «kaiserlichem Mathematiker» zur Verfügung stehenden Mitteln für seine fast siebzigjährige *liebe* und *wohlverdiente verwitwete Mutter* kämpfen werde. Noch konnte er ja nicht ahnen, daß dieser Kampf sechs Jahre lang währen und seine äußerste Kraft verlangen würde.

Es würde den Rahmen dieser Monographie sprengen, wenn wir dem wirren Hin und Her dieses wahnwitzigen und doch für die damalige Zeit so typischen Prozesses Schritt für Schritt folgen wollten. In Kürze sei das Wichtigste gesagt.

Die Klage ging aus von einer zweifelhaften Person mit Namen Ursula Reinbold, der Frau eines Glasers zu Leonberg. Von ihr schreibt Kepler Anfang 1617, sie sei *wahnsinnig und wegen einer Strafe für Unzüchtigkeit verrufen.* Diese Frau hatte sich mit Keplers Bruder Christoph um geschäftlicher Dinge willen überworfen. In den Streit hatte sich die Mutter eingemischt. Jetzt wurde der Dorfklatsch gemeingefährlich. Parteien bildeten sich, die vom Ortsdepp angefangen über den Hoffriseur bis zu den Prinzen in Tübingen reichten.

Es sei daran erinnert, daß Johannes Kepler im gleichen Zeitraum die *Weltharmonik* schrieb. Im siebten Kapitel des vierten Buches, in dem er sich mit Wahrheit und Trug der Astrologie auseinandersetzt, kommt er unvermittelt auf das Horoskop seiner Mutter zu sprechen: ... *ich kenne eine Frau, die fast unter den gleichen Aspekten geboren ist* – er meint wie er selbst – und fährt fort: *Sie ist von unruhigem Geist, erreicht damit aber nicht nur nichts auf wissenschaftlichem Gebiet (was bei einer Frau nicht verwunderlich ist), sondern bringt auch ihre ganze Gemeinde in Aufregung und ist sich selbst Urheberin beklagenswerten Elends.* In seltener Weise wußte Kepler auch in dieser so überaus heiklen Situation die Treueverpflichtung als Sohn mit Hilfe der Klarheit seines illusionsfreien Denkens zu erfüllen.

Katharina Kepler hatte sich zu Beginn ihres Prozesses zweimal sehr unklug verhalten. Sie bot dem Vogt, der ihren Prozeß führen sollte, einen silbernen Becher an für den Fall, daß er den Prozeß unterlassen würde. Der Vogt meldete diesen naiven Bestechungsversuch der herzoglichen Kanzlei in Stuttgart. Selbstverständlich wurde ihr diese Handlung als Ausfluß eines schlechten Gewissens ausgelegt. Als ihr und ihren Familienangehörigen die Lage in Leonberg zu gefährlich erschien, machte sie sich mit ihrem Sohn Christoph über Ulm auf den Weg nach Linz, wo beide, gewiß nicht zur großen Freude des Ehepaares Kepler, am 13. Dezember 1616 eintrafen. Obwohl sie im September 1617 – zunächst nach Heumaden – wieder zurückkehrte, wurde ihr natürlich die Reise als Flucht angerechnet.

Kaum hatte die Mutter Linz verlassen, traf Kepler ein neuer Schicksalsschlag. Seine so sehr geliebte Stieftochter Regina, Tochter seiner ersten Frau und des Grazer Hoftischlers Wolf Lorenz, war zu Walderbach bei Regensburg als Frau des aus Augsburg stammenden Philipp Ehem plötzlich am 4. Oktober 1617 gestorben. Ehem bat Kepler für seine drei mutterlosen Kinder um Hilfe durch die nun fünfzehnjährige Tochter Susanna. Kepler fuhr sofort mit Susanna hin, um zu helfen, soweit es in seinen Kräften stand, und dann weiter nach Leonberg, um in der Sache seiner Mutter vorstellig zu werden. Doch war ihm kein eigentlicher Erfolg beschieden. Allein die Erlaubnis wurde ihm erteilt, auf Wunsch seine Mutter wieder nach Linz zu sich zu nehmen. Doch sie wollte nicht. So kehrte er allein über Walderbach nach Linz zu seiner Familie zurück, wo er unmittelbar vor Weihnachten, am 22. Dezember 1617, eintraf.

Johannes Kepler versuchte aus der Ferne durch schriftliche Eingaben bei allen zuständigen Stellen die Freisprechung seiner Mutter zu erwirken. Vergeblich. Die Zeugenverhöre zogen sich weiter in die Länge. Nicht weniger als 49 Anklagepunkte wurden geltend gemacht.

Im Frühjahr 1620 versuchte Kepler noch einmal mit einer Bitt- und Verteidigungsschrift an Herzog Johann Friedrich von Württemberg heranzutreten.[32] Dennoch wurde die Mutter am 7. August 1620 auf fürstlichen Befehl durch Häscher «im Pfarrhaus zu Heumaden schlafend überfallen» und in das Gefängnis zuerst zu Leonberg und dann zu Güglingen eingeliefert. Dort legte man sie in Ketten. Vierzehn bittere Monate mußte die nun Dreiundsiebzigjährige im Kerker durchhalten.

Als Kepler diese Nachricht erhielt, brach er sofort von Linz auf und erreichte, durch kriegsgefährdete Lande reisend, Güglingen am 26. September.

Sicher ist, daß ohne den Beistand des Sohnes, des angesehenen kaiserlichen Mathematikers, die Richter mit der Mutter nicht viel Federlesens gemacht hätten. Aber ebenso deutlich ist, daß doch die Angeklagte den letzten Ausschlag selbst gegeben hat. Trotz so mancher unbeherrschten Äußerung hat diese alte Frau in ihrer fast hoffnungslosen Lage sich am Ende großartig bewährt. Standhaft leugnete sie, je mit irgendwelchem Hexenwerk in Verbindung gestanden zu haben. Von Zauberei könne bei ihr keine Rede sein. Auf die Frage nach «Krankenheilungen» gab sie ihren «Krankensegen» preis, der vor Sonnenaufgang gesprochen werden müsse:

Heiß mir Gott willkommen
Sonn und Sonnentag;
Kommst daher geritten,
Da stehet ein Mensch,
Laß Dich bitten,
Gott Vater, Sohn und Heiliger Geist
Und die Heilige Dreifaltigkeit,
Geb diesem Menschen Blut und Fleisch
Auch gute Gesundheit.[33]

In solch einem christlich frommen Spruch konnten die Gegner auch bei üblem Willen keine Teufeleien entdecken.

Johannes Kepler gab keine Ruhe. Immer dringlicher wurden seine Eingaben an den Landesfürsten. Schließlich forderte Johann Friedrich ein Gutachten von der Juristischen Fakultät in Tübingen an.[34] Von dort empfahl man das «peinliche Verhör in der abgeschwächten Form der ‹Territio›», einer seelischen Folterung, in der die Foltergeräte vorgezeigt und dem Angeklagten die zu erzeugenden Schmerzen sadistisch ausgemalt wurden. Gleichzeitig sprach der den Akt leitende Richter drohend auf die Angeklagte ein und ermahnte sie, freiwillig ihre Bosheiten zu bekennen.

Hier in der Folterkammer wuchs Katharina Kepler über sich selbst hinaus. Mutig stand sie zu ihrem Wort und leugnete alle ihr vorgeworfenen Verbrechen. Der amtliche Bericht lautete: «Sie hat jedoch nichts bekennen wollen mit der Anzeige, man mache mit ihr, was man wolle, und wenn man ihr auch eine Ader nach der andern aus dem Leib herausziehen sollte, so wüßte sie doch nichts zu bekennen. Damit ist sie auf die Knie gefallen, hat ein Vaterunser gebetet, vermeldend, Gott solle ein Zeichen tun, wenn sie eine Hexe oder Unholdin sei und jemals mit Hexerei zu tun gehabt hätte. Sie wolle auch darauf sterben, Gott werde die Wahrheit an den Tag geben und nach ihrem Tod offenbaren, daß ihr Unrecht geschehen, und wenn sie auch etwas in Marter und Pein bekennen würde, so wäre es doch nicht die Wahrheit.»

Am 4. Oktober 1621 wurde sie freigesprochen und aus der Haft entlassen. Katharina Kepler hatte gesiegt und mit ihr der Sohn Johannes.

Doch ihre Lebenskraft war am Ende – ihre Gesundheit durch die Kerkerhaft untergraben. Nur ein halbes Jahr durfte sie sich der wiedergewonnenen Freiheit freuen. Sie starb am 13. April 1622.

DIE LETZTEN JAHRE IN LINZ

Infolge der Kriegswirren wurde die Lage in allen deutschen und österreichischen Landen immer verwirrter. Kepler brannte darauf, endlich den Druck der *Rudolphinischen Tafeln* durchzuführen. Aber woher sollte er das notwendige Geld dafür nehmen? In Linz war es nicht zu beschaffen, obwohl der Kaiser aus Prestigegründen darauf bestand, daß der Druck in Österreich erfolgte.

Die kaiserliche Reichskasse hatte von Augsburg aus verfügt, daß die berechtigten finanziellen Forderungen Keplers erfüllt werden sollten. Das «Reich» selbst war dazu nicht in der Lage. Die ununterbrochene Kriegsführung hatte alles Geld verbraucht. So bekamen einzelne Städte die Auflage, die entsprechenden Summen aufzubringen. Laut kaiserlichem Befehl hatte Nürnberg 3966 Gulden, Memmingen 1297 Gulden und Kempten 936 Gulden an Kepler auszuzahlen. Dies war das hoffnungsvolle Resultat einer Reise Keplers nach Wien, mit dem er im Herbst 1624 nach Linz zurückkehrte.

Im März des nächsten Jahres erhielt Kepler vom Nürnberger Senat die enttäuschende Antwort, daß die fränkische Hauptstadt infolge der Kriegsereignisse und der ständigen Belegung mit durchziehenden Truppen nicht in der Lage sei, dem kaiserlichen Befehl nachzukommen.

Daraufhin begab sich Kepler am 15. April 1625 erneut auf Reisen, um die ihm zugesagten Gelder selbst einzutreiben. In Kempten und Memmingen gelang es. Nach Aufenthalten in Ulm, Roßwälden bei Göppingen, wo inzwischen sein Schwager Binder eine Pfarre übernommen hatte, Schloß Erbach bei Ulm und Tübingen landete er schließlich im August in Nürnberg. Trotz erneuter Auflage durch die kaiserliche Behörde verweigerte die Stadt die Auszahlung. Die Kassen waren leer. Kepler mußte wieder um eine Enttäuschung reicher nach Linz zurückkehren. Nur ein Drittel von dem, was ihm versprochen war, hatte er eintreiben können. Fast fünf Monate, in denen er seine Arbeit nicht hatte fördern können, kostete ihn diese Geldjagd.

Nun entschloß sich Kepler, den Druck der *Rudolphinischen Tafeln* mit eigenen Mitteln um jeden Preis durchzuführen. Mit Hilfe des

Linz: der Planetenbrunnen im Landhaushof

Druckers Johannes Plank begann er unter recht ungünstigen Umständen in Linz das Unternehmen.

Doch nun wiederholte sich das Schicksal, das Johannes Kepler rund 25 Jahre zuvor schon einmal hatte bestehen müssen. 1619 war Kaiser Matthias gestorben, ihm folgte Ferdinand II., der schon als Erzherzog Keplers Vertreibung aus der Steiermark bewirkt hatte. Jetzt hatte die Gegenreformation sich auch der Stadt Linz bemächtigt. Wie seinerzeit in Graz wurden alle Protestanten, vor allem aber die «Predicanten und unkatholischen Schulmeister» unter Androhung «schwerer Leibes- und Lebensstrafen» bei Verweigerung des Landes verwiesen. Eine ungeheure Unruhe bemächtigte sich der Stadt- und vor allem der Landbevölkerung. Alle Bücher ketzerischen Inhalts mußten innerhalb eines Monats abgeliefert werden. Äußerster Termin für die Erfüllung der Dekrete: Ostern 1626.

Kepler selbst wurde als Hofbeamter von der Ausweisung ausgenommen. Um so stärker setzte der Druck ein, der auf ihn ausgeübt wurde, ihn zur Konvertierung zu überreden.

Damals wohnte er im Ständehaus. Am 1. Januar erging der Befehl, «ganz allgemein die Bücher aller Bewohner des Ständehauses zu versiegeln». Kepler selbst berichtet darüber an den Jesuitenpater Paul Guldin in Wien: *Um sie wiederzubekommen, verlangt man, ich selbst solle jene Bücher heraussuchen, die abgeliefert werden müssen. Kurzum, die Hündin soll eines ihrer Jungen hergeben. Solch eine Gemeinheit schreit zum Himmel!* [35] Dabei ringt er um jedes einzelne Buch, das man ihm nehmen will, besonders weil mit den abgenommenen Büchern seine eigenen Eintragungen und Anmerkungen verlorengehen.

Auch hat man ihn verdächtigt, daß er insgeheim Unterricht gäbe. Seine Antwort: *Selbst wenn ich mich zum Unterrichten anbieten würde, so käme doch niemand zu mir ...*

Zweieinhalb Monate später schreibt er an Wilhelm Schickart nach Tübingen: *Ich wünschte, Ihr könntet sehen, was sich hier alles abspielt. Ihr könntet Euch dann seelisch auf Ähnliches vorbereiten, wenn eines Tages die Zeit der Heimsuchung für Euch kommt ... Es ist schon ein großer Trost, daß wir nicht verbrannt werden, sondern daß man uns erlaubt weiterzuleben, sofern die Erlaubnis überhaupt für denjenigen von Bedeutung ist, dem man alles zum Leben Notwendige genommen hat ...*[36]

Daß diese chaotischen Zustände nicht das seelische Klima boten, um den Druck der *Rudolphinischen Tafeln* zu fördern, versteht sich von selbst. Hinzu kam, daß auch der Drucker Plank Protestant und damit den gleichen Verfolgungen und dem gleichen Druck ausgesetzt war. Somit war das gemeinsame Unternehmen fast unmöglich gemacht: *Ihr dürft Euch bei den gegenwärtigen Wirren in Deutschland und den meisten europäischen Ländern nicht wundern, daß auch meine Pläne zur Herausgabe der Tafeln schwer betroffen wurden und fürs erste aufgegeben werden mußten. Ich sorge mich um die Veröffentlichung der Tafeln so sehr wie Deutschland um den*

Wilhelm Schickart. Anonymes Bildnis, 1632

Frieden, und ich lasse mich das nicht geringere Mühe kosten. Aber ich bin noch keinen Schritt weitergekommen.[37]

Die Lage in Oberösterreich wurde immer tumultuarischer. Als Antwort auf das rücksichtslose Durchgreifen der Gegenreformation unter Führung der Jesuiten erhoben sich die protestantischen böhmischen Bauern. Aus Empörung über die gewaltsamen Bekehrungsversuche zogen sie brennend und plündernd durch die Lande. Es gelang ihnen, die Stadt Wels zu erobern. Am 24. Juni 1626 erreichten sie Linz, schlossen die Stadt ein und belagerten sie durch zwei Monate. Viele Häuser gingen dabei in Flammen auf. So auch die Druckerei Planks, und damit alles, was von den *Rudolphinischen Tafeln* bis dahin gedruckt war. Kepler litt schwer unter den Kriegsverhältnissen. Mit der Familie lebte er weiter in dem Landhaus (Ständehaus), das unmittelbar an der Stadtmauer lag. Dort hatte man eine ganze Kompanie Soldaten untergebracht, die bei Tag und Nacht keine Ruhe eintreten ließen. Doch er hielt durch, besser als so manch anderer: *Mit Hilfe Gottes und seiner Engel habe ich die Belagerung vierzehn Wochen lang sicher überstanden. Ich starb nicht Hungers und brauchte auch kein Pferdefleisch zu essen. Nur wenige trafen es so gut wie ich.*[38]

Aber nun hielt ihn nichts mehr in Linz. Nach der Zerstörung der Druckerei war dort an eine Fertigstellung der *Tafeln* nicht mehr zu denken. Seine ganze Hoffnung setzte er jetzt auf Ulm. Am 20. November verließ er mit seiner Familie, allen Büchern und sonstigem Besitz Linz und fuhr zu Schiff auf der Donau nach Regensburg. Dort brachte er seine Familie unter und fuhr mit einem Wagen auf dem Landweg weiter nach Ulm, das er kurz vor Einbruch des Winters, am 9. Dezember 1626, erreichte. Vierzehn Jahre – die längste zusammenhängende Periode in seinem Leben – hatte er in Linz seinen Wohnsitz gehabt. Jetzt war er froh, diesem Hexenkessel entronnen zu sein.

DAS LEBENSENDE

Ulm und Prag

Keplers Familie überwinterte in Regensburg. Er selbst fand in Ulm bei dem Stadtarzt Gregor Horst sein Unterkommen. Gregor Horst war früher Professor für Medizin in Wittenberg und Gießen und Leibarzt des Landgrafen Ludwig von Hessen gewesen.

Mit aller Kraft wandte sich Kepler nun erneut dem so lange ver-

Das Landhaus in Linz

Dr. Gregor Horst. Kupferstich, 1625

geblich angestrebten Druck der *Rudolphinischen Tafeln* zu. Papier, das er seinerzeit in Kempten erworben hatte, lag schon bereit. Die Druckerei mit dem notwendigen Typenmaterial, im Besitz von Jonas Saur, stand zur Verfügung. Das Manuskript – 568 Seiten umfassend – hatte Kepler mitgebracht. Er selbst führte die Regie des Drucks, den er stürmisch vorwärtstrieb.

Es wäre nicht Keplers Schicksal, wenn nun alles glatt vonstatten gegangen wäre. Schon 1597 in Graz hatte er die Interpretation seines eigenen Horoskops mit dem Satz begonnen: *Dieser Mensch ist von Geburt dazu bestimmt, seine Zeit mit schwierigen Dingen zu verbringen, vor denen andere zurückschrecken.* So auch nun wieder in Ulm. Wie so oft bei ihm fehlt vor allem das Geld. Die Kosten des Drucks waren erheblich höher, als Kepler vermutet hatte. Es kam zu heftigen Auseinandersetzungen zwischen ihm und Jonas Saur. Schon überlegte Kepler, ob es nicht doch besser sei, den Druck nach Tübingen, der Stadt seiner Sehnsucht, zu verlegen. Im Februar bereits erhält sein Freund Schickart eine Anfrage. Doch es blieb bei Ulm, und trotz aller Schwierigkeiten ging das Werk hier seiner Vollendung entgegen.

Keplers Wohnhaus in Ulm. Holzstich

Über Titel und Widmung kam es mit den Erben Tycho Brahes erneut zu Auseinandersetzungen. Nicht weniger als dreimal mußte der Titelbogen gedruckt werden, bis er die endgültige Fassung erhielt.

Trotz des intensiven Engagements, mit dem Kepler den Druck der Tafeln überwachte, blieb ihm doch noch Zeit und Kraft, dem Magistrat der Stadt Ulm dienlich zu sein. Der berühmte «Ulmer Kessel», noch heute im Museum der schwäbischen Donaustadt erhalten, ist Zeuge für die Bemühungen: ein genialer Beitrag des kaiserlichen Mathematikers, Ordnung in das damalige Durcheinander von Maßen und Gewichten (wie Schuh, Elle, Zentner, Eimer) zu bringen. Auf den Kessel ließ Kepler den Vers gravieren:

Zwen schuch mein tieffe, ein eln mein quer,
ein geeichter aimer macht mich lehr,
dan sind mir vierthalb centner bliben,
vol donauw wasser wege ich siben,
doch lieber mich mit kernen euch
und vierund sechzig mal abstreich,
so bistu neinzig ime reich.[39]

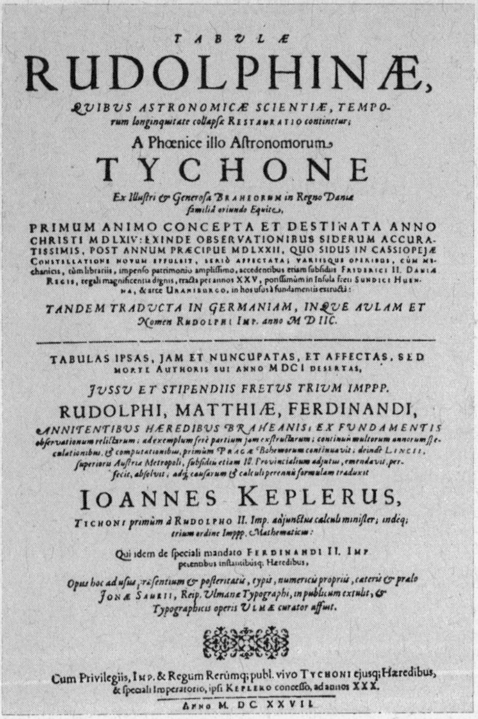
TABULÆ
RUDOLPHINÆ,
QUIBUS ASTRONOMICÆ SCIENTIÆ, TEMPO-
rum longinquitate collapsæ RESTAURATIO continetur;
A Phœnice illo Astronomorum
TYCHONE
Ex Illustri & Generosa BRAHEORUM in Regno Daniæ
familiâ oriundo Equite,
PRIMUM ANIMO CONCEPTA ET DESTINATA ANNO
CHRISTI MDLXIV: EXINDE OBSERVATIONIBUS SIDERUM ACCURA-
TISSIMIS, POST ANNUM PRÆCIPUE MDLXXII, QUO SIDUS IN CASSIOPEJÆ
CONSTELLATIONE NOVUM EFFULSIT, SERIÒ AFFECTATA; VARIISQUE OPERIBUS, CÙM ME-
chanicis, tùm librariis, impenso patrimonio amplissimo, accedentibus etiam subsidiis FRIDERICI II. DANIÆ
REGIS, regali magnificentia dignis, tracta per annos XXV, potissimùm in Insula freti SUNDICI HUEN-
NA, & arce URANIBURGO, in hos usus à fundamentis extructâ:
TANDEM TRADUCTA IN GERMANIAM, INQUE AULAM ET
Nomen RUDOLPHI IMP. anno M D IIC.

TABULAS IPSAS, JAM ET NUNCUPATAS, ET AFFECTAS, SED
MORTE AUTHORIS SUI ANNO MDCI DESERTAS,
JUSSU ET STIPENDIIS FRETUS TRIUM IMPPP.
RUDOLPHI, MATTHIÆ, FERDINANDI,
ANNITENTIBUS HÆREDIBUS BRAHEANIS; EX FUNDAMENTIS
observationum relictarum; ad exemplum ferè partium jam exstructarum; continuis multorum annorum spe-
culationibus, & computationibus, primùm PRAGÆ Bohemorum continuavit; deinde LINCII,
superioris Austriæ Metropoli, subsidiis etiam Ill. Provincialium adjutus, emendavit, per-
fecit, absolvit; adjq; causarum & calculi perennis formulam traduxit
IOANNES KEPLERUS,
TYCHONI primùm à RUDOLPHO II. Imp. adjunctus calculi minister; indéq;
trium ordine Imppp. Mathematicus:
Qui idem de speciali mandato FERDINANDI II. IMP.
petentibus instantibúsq; Hæredibus,
Opus hoc ad usus præsentium & posteritatis, typis, numericis propriis, cæteris & prælo
JONÆ SAURII, Reip. Ulmanæ Typographi, in publicum extulit, &
Typographicis operis ULMÆ curator affuit.

Cum Privilegiis, IMP. & Regum Rerúmq; publ. vivo TYCHONI ejusq; Hæredibus,
& speciali Imperatorio, ipsi KEPLERO concesso, ad annos XXX.
ANNO M. DC XXVII.

Die «Rudolphinischen Tafeln»

Ende September 1627 war Kepler an seinem Ziel. Tausend Exemplare der *Rudolphinischen Tafeln* lagen gedruckt vor. Kepler beeilte sich, umgehend nach Frankfurt am Main zu fahren, wo er rechtzeitig – am 22. September – zur dortigen Herbstmesse des Buchhandels eintraf. Allerdings verzögerte sich der Verkauf noch um zehn Tage, da erst der kaiserliche Bücherkommissar auf Rat von Sachverständigen den Preis festsetzen mußte. Dies geschah: drei Gulden – für besseres Papier 40 Kreuzer Zuschlag.

Als Johannes Kepler am 9. November 1627 von Frankfurt nach Ulm zurückgekehrt war, mag ihm wie einem Wanderer zumute gewesen sein, der nach langem Fußmarsch seinen schweren Rucksack abgelegt hat, aber nicht weiß, wohin er nun sein Haupt zur Ruhe legen soll.

Endlich war das Werk, das seinen Namen für alle Zeiten mit dem Tycho Brahes verband, vollendet. Selbstverständlich waren auch die Beobachtungen Tychos noch nicht absolut gültig und mit Fehlern behaftet. Manches galt es noch weiter zu vervollkommnen. Das wußte Kepler selbst am besten. Aber es trifft doch zu, was Caspar schreibt: «Die Rudolphinischen Tafeln bildeten für mehr als hundert

Keplers Entwurf für das Titelkupfer der «Rudolphinischen Tafeln». 1627

Jahre die Grundlage aller Berechnungen im Sonnensystem. Es griffen nach ihnen die Astronomen, die ihre Theorien prüfen wollten, die Horoskopsteller, die Konstellationen zu irgendeinem Zeitpunkt brauchten, die Kalendermacher, die den Stand der Wandelsterne angeben wollten, und nicht zuletzt die Seefahrer, die geographische Ortsbestimmungen zu machen gezwungen waren. Für sie sind besondere Anweisungen gegeben. Keplers Tafelwerk begleitete denn auch die Männer, die damals im fernen Osten und Westen auf Entdeckungsfahrten ausgingen, wie einst die Tafeln des Regiomontans den Kolumbus . . . begleitet hatten.»[40]

Endlich war das Werk gelungen – aber wohin sollte nun Kepler seine Schritte lenken, was unternehmen, um seine Familie und sich vor allzu lastenden Sorgen geschützt zu wissen? Eine Rückkehr nach Linz kam nicht in Frage. Von Frankfurt aus hatte er den Landgrafen Philipp von Hessen in Butzbach besucht. Eine Übersiedlung dorthin lag im Bereich des Möglichen.

Schon zuvor hatte Kepler sich um Rat an seinen Freund Bernegger in Straßburg gewandt. Er suche einen Ort, wo er über den Gebrauch der *Rudolphinischen Tafeln* vor einer genügend großen Zahl von Hörern vortragen könne. Bernegger bemüht sich, ihm einen Lehrstuhl in Straßburg zu beschaffen – stößt aber auf Widerstand. Kepler antwortet: *Ich will nun keineswegs meine Entlassung aus dem kaiserlichen Dienste überstürzen.* Zunächst denkt er an einen zweijährigen Urlaub aus dem kaiserlichen Amt und hofft durch dieses Ansinnen, die Stimmung der Verwaltungsbeamten ihm gegenüber zu erfahren. Ihm schwebt eine außerordentliche Professur vor, die ihm die Möglichkeit zur Lehre gibt. *Wenn es genügend Studenten gibt, würde ich meine Zuflucht zur Amme der Astronomie, also zur Astrologie, nehmen. Ich würde jeden Studenten nach seiner Geburtsstunde fragen und es übernehmen, nicht nur das Verfahren zur Berechnung der Planetenörter, sondern auch die Bedeutung ihrer Eigenschaften zu lehren . . .*[41] Der fünfundfünfzigjährige Kepler sucht einen Lehrstuhl nicht für Astronomie, sondern für Astrologie! Diese Tatsache allein genügt, um alle Bemühungen, die darauf zielen, Kepler als einen Verächter der Astrologie darzustellen, Lügen zu strafen.

Über Dillingen, ein damaliges Zentrum der Jesuiten, begibt er sich Ende November 1627 zu seiner Familie nach Regensburg, die ein ganzes Jahr den Vater hatte entbehren müssen. Doch nur kurz währte dieses Familienglück. Schon unmittelbar nach Weihnachten trifft er in Prag ein, um Kaiser Ferdinand II. die *Rudolphinischen Tafeln* zu überbringen. Trug doch die Titelseite nun die Namen der drei Herrscher, welche während der Entstehungszeit des Buches regiert hatten: Rudolf II., Matthias und Ferdinand II. Klugerweise nannte er auch in dem wohlabgewogenen Text die Namen: Tychone und Joannes Keplerus sowie die Städte Prag, Linz und Ulm.

Kepler fand 1628 ein anderes Prag vor, als er es 1612 verlassen hatte. In den dazwischenliegenden sechzehn Jahren hatte sich vieles

Ausschnitt aus dem Frontispiz der «Rudolphinischen Tafeln»
(mit Darstellung Keplers)

Kaiser Ferdinand II.

verändert. Die von Rudolf II. angestrebte und von Matthias teilweise weitergepflegte religiöse Toleranz war unter Ferdinand II. gründlich aufgegeben worden. Prag im Jahre 1628 war eine katholische Stadt unter der Regie der Gegenreformatoren. Wer es in Prag jetzt zu etwas bringen wollte, mußte von den Jesuiten anerkannt sein. Sonst konnte er sich nicht in einer amtlichen Stellung halten.

Kepler überbrachte dem Kaiser seine Arbeit. In freundschaftlich offener Haltung nahm Seine Majestät das Werk gnädig entgegen und versicherte seinem Hofmathematikus sein Wohlwollen. Mit einer solchen freundlichen Aufnahme hatte der Protestant Kepler kaum noch gerechnet. Die Depression, die ihn infolge seiner ungeklärten Lage ergriffen hatte, schwand, und eine mehr euphorische Stimmung ergriff ihn. Es heißt, der Kaiser habe ihm ein verlockendes Angebot gemacht. Leider ist nichts Genaues darüber bekanntgeworden. Vielleicht war es eine Professur in österreichischen Landen, in Prag oder Wien.

Doch der Pferdefuß zeigte sich bald. Kepler hätte nur zugreifen müssen und seine ungesicherte berufliche und finanzielle Lage wäre grundlegend verbessert, wenn – ja, wenn er den «kleinen Schritt» der Konvertierung zur katholischen Kirche vollzogen hätte. Die ihm befreundeten Jesuiten sahen ihre Stunde gekommen. Kepler besuchte von Ulm aus Dillingen, weil dort der Jesuitenpater Albert Curtius lebte, mit dem Kepler in lebhaftem astronomischem und theologischem Gedankenaustausch stand.

Jetzt aber war es der Pater Paul Guldin, angesehener Professor für Mathematik in Wien, der ihm mit Briefen freundschaftlich dringlich zusetzte.[42] Guldin, in St. Gallen 1577 geboren, war ursprünglich selbst Protestant gewesen und erst als Erwachsener konvertiert. Nun hielt er auch für Kepler den Zeitpunkt gekommen, den gleichen Schritt zu tun. Leider ist der erste Brief Guldins, in dem er dies Kepler nahelegte, nicht erhalten. Doch dessen Absage ist eindeutig: ... *Ich hoffe in den Erblanden Seiner Majestät bleiben zu können. Aber meine Gefühle Gott gegenüber würden doch etwas fragwürdig sein, wenn ich gerade jetzt zum Katholiken würde. An der Schwelle meines Lebens wurde ich durch die Eltern zur Taufe in der katholischen Kirche gebracht. Ich wurde mit dem heiligen Taufwasser besprengt und dabei mit dem Geist der Gotteskindschaft begabt. Seit dieser Zeit bin ich niemals aus der Kirche ausgetreten.*

In eben dieser Kirche weiß sich Johannes Kepler im Sinne der Augsburger Konfession erzogen und sieht keinen Grund, diesem Geist seiner Jugend untreu zu werden. Für ihn gibt es nur e i n e christliche Kirche, die er im Sinne des Wortes katholisch, das heißt all-umfassend, benennt: die Una Sancta. Ihr gehören nach Kepler alle an, die sich aus ehrlichem Herzen zu dem Glauben der Apostel bekennen. Wie er niemals anerkannt hatte, daß er als Lutheraner die Calvinisten zu verurteilen habe, so sah er sich jetzt außerstande, ein Mitglied der römischen Sektion der christlichen Kirche zu werden, schon gar nicht aus dem Grunde, dadurch eine gesicherte irdische Lebensstellung zu erlangen. *Wenn Ihr sagt, die Kirche sei die Gemeinschaft der Menschen, die unter einem Haupte vereinigt sind, um die von den Augsburgern verurteilten Mißstände zu verbreiten, und dies zur Gewissenspflicht macht, so gebt Ihr für die Kirche ein Merkmal an, um dessentwegen ich sie niemals anerkennen würde ...*

Die wahre Kirche Christi ist für Kepler größer als Rom und sein Papsttum. Sie umschließt auch alles, was das Herzensanliegen von Luther und Melanchthon, von Wyclif, Hus, Zwingli, Calvin und all denen war, die sich um eine Erneuerung der Kirche bemüht hatten. Die Kirche im Sinne Keplers umfaßt alle Getauften und kennt auch keine zeitlichen Spaltungen, auch wenn sie diesseits noch so berechtigt erscheinen. Für ihn gilt die Ecclesia aeterna, die Ewige Kirche, die vom Pfingsterlebnis der Apostel ihren Ausgang nahm, die der Leib des Auferstandenen ist und in alle Ewigkeit dauern wird. Dieser unsichtbaren Kirche gegenüber sind die sichtbaren Erscheinungsformen selbstverständlich von Mängeln behaftet – Kepler zählt eine Reihe von Mißbräuchen in der römischen Kirche auf –, die menschlichen Schwächen und Irrtümern entstammen. *Denkt daher so von mir, bester Freund: Ich bleibe in der katholischen Kirche (in Ecclesia Catholica). Nur bin ich bereit, um der Ablehnung dessen willen, was ich nicht als apostolisch und also auch nicht als katholisch anerkenne, nicht nur die Belohnungen fahren zu lassen, die mir gegenwärtig dargeboten werden und denen Seine Kaiserliche Majestät hochherzig und freigebig zugestimmt haben, sondern auch die österreichische Untertanenschaft, das ganze Reich und, was viel schwerer wiegt als dies alles, die Astronomie selber aufzugeben. Ich würde fortfahren: auch auf das Leben; aber der Mensch kann sich nichts nehmen, was ihm nicht von oben gegeben ist.* Hier spricht wieder der «wahre Kepler», der sich von den Katholiken aus Graz verbannen, in Linz von den Lutheranern verketzern ließ und nun erneut um des Geistes und der Freiheit willen auf die angebotene Karriere verzichtet. *Inzwischen halte ich meinerseits unverbrüchlich an der katholischen Kirche fest und bin ihrer Gemeinschaft voll innerster Liebe verbunden, auch wenn sie wütet und schlägt, soviel menschliche Schwachheit zuläßt.* Schließlich baut er seinem Briefpartner eine Brücke: *Und wenn man mich toleriert, obwohl ich einiges ablehne, bin ich bereit, in Schweigen und Duldsamkeit mein wissenschaftliches Werk mitten unter den Leuten der herrschenden Partei gewissenhaft auszuführen und zu vollenden. Ich werde mich von jeder Herabsetzung, Verhöhnung, verkehrten Auslegung, übertriebenen und aufbauschenden Darstellung, jeder Hinterhältigkeit und Verzerrung zurückhalten gegenüber den Gutgesinnten. Aus den Predigten werde ich soviel zu jeder Zeit mitnehmen, als an göttlicher Gnade herausstrahlt, Prozessionen aber und ähnliche Akte meiden, um niemandem Ärgernis zu geben; nicht daß ich die, die daran teilnehmen, verurteile, sondern weil, wenn zwei dasselbe tun, es nicht dasselbe ist. Ja es gibt sogar eine Bedingung, unter der ich auch an der Messe teilnehmen und meine Gebete mit den Gebeten der übrigen Kirche (mag sie auch bezüglich der Auslegung des Opfers irren) vereinigen kann: wenn man meine und all der Meinen Protest* (protestatio) *entgegennimmt, daß wir nicht unsere Zustimmung geben zu dem, was unserer Überzeugung nach ein Irrtum ist, sondern nur zu jenem allgemeinen und letzten, dem heiligen und katholischen Ziel der Messe . . .*[43]

Mit derselben Klarheit, Unerbittlichkeit und Unerschrockenheit, mit der Kepler einst Tycho Brahe und seinem Festhalten an der Erde als ruhendem Pol der Welt entgegengetreten war und mit der er später Rudolf II. und Wallenstein den Unterschied zwischen Sternen-Aberglauben und Sternen-Weisheit deutlich zu machen wußte, wies er jetzt in Prag den Versuch ab, ihn zum Übertritt in die römische Kirche zu bewegen. In allem zeigt er die gleiche Grundhaltung, nichts zu tun, was der Geistesfreiheit und dem eigenen Wahrheitssinn zuwiderläuft. Das machte seine menschliche Stärke aus, war aber verständlicherweise zugleich die Quelle für so vieles, was Kepler im Laufe seines Lebens zu erdulden hatte.

Natürlich war es naiv, zu meinen, Paul Guldin könne in die ausgestreckte Hand einschlagen. Das Angebot Keplers lag außerhalb dessen, was Guldin als Glied der Societas Jesu billigen konnte. So

Albrecht von Wallenstein. Kupferstich nach Anthonis van Dyck

ließ er als Antwort unter seiner Aufsicht von einem Ordensbruder eine ausführliche theologische Abhandlung anfertigen, in der Keplers Einwände und Auffassungen Satz für Satz widerlegt werden sollten.

Damit war aber auch die Entscheidung gefallen. Kepler verzichtete auf eine erneute Erwiderung. Er wußte, daß für ihn eine dauernde Rückkehr nach Prag und Linz nicht mehr in Frage kam. Er mußte weitersuchen.

In Prag stand 1628 der Stern des Feldherrn Wallenstein in seinem höchsten Glanze. Er – geboren am 14. September 1583 – entstammte einem fast mittellosen böhmischen Landadel und war durch Klugheit, Ehrgeiz und Heirat zu einem Magnaten aufgestiegen, der schon vor seiner steilen militärischen Laufbahn am Hof des Kaisers Matthias begonnen hatte, eine erhebliche Rolle zu spielen. Jetzt, in seinem 45. Lebensjahr, war er, der Herzog von Friedland und Sagan und Herr der beiden Lande Mecklenburg, auf der Höhe seines Ruhmes. Als «General-Obristen Feldhauptmann» und als «General des baltischen und ozeanischen Meeres» hielt Wallenstein in seinem Palast zu Füßen des Hradschin seinen eigenen Hof. Die Jahre 1626 und 1627 hatten ihm seine größten militärischen Triumphe gebracht. Ernst II. von Mansfelds Truppen waren in der Schlacht an der Dessauer Elbbrücke geschlagen, Tilly hatte über den dänischen König Christian IV. bei Lutter am Barenberge gesiegt, und der Aufstand der oberösterreichischen Bauern war endgültig niedergeworfen. Die katholische Liga Ferdinands II. hatte unter Wallenstein den ganzen norddeutschen Raum erobert – selbst Jütland wurde bis in die Nordspitze besetzt. Der dänische König konnte sich nur durch Flucht auf die Inseln der Gefangennahme entziehen.

Schon 1608 hatte Wallenstein von Kepler sich das Horoskop[44] stellen lassen. Es ist erhalten geblieben und enthält unter anderem die folgenden Passagen: *Solchergestalt mag ich von diesem Herren in Wahrheit schreiben, daß er ein wachendes, aufgemuntertes, emsiges, unruhiges Gemüt habe, allerhand Neuerungen begierig, dem gemeines menschliches Wesen und Händel nicht gefallen, sondern der nach neuen, unversuchten, oder doch seltsamen Mitteln trachtet, doch viel mehr in Gedanken habe, als er äußerlich sehen und spüren lasset. Denn Saturnus im Aufgange machet ... alles argwöhnisch und verdächtig, was Gott oder die Menschen handeln, als wenn es alles lauter Betrug und viel ein anderes dahinter wäre, denn man vorgibt.*

Und weil der Mond verworfen stehet, wird ihm diese seine Natur zu einem merklichen Nachteil und Verachtung ... gedeihen, so daß er für einen einsamen, lichtscheuen Unmenschen wird gehalten werden. Gestaltsam er auch sein wird: unbarmherzig, ohne brüderliche oder eheliche Lieb, niemand achtend, nur sich und seinen Wollüsten ergeben, hart über die Untertanen, an sich ziehend, geizig, betrüglich, ungleich im Verhalten, meist stillschweigend, oft ungestüm, auch streitbar, unverzagt, weil Sonne und Mars beisammen, wiewohl Saturnus die Einbildungen verderbt, so daß er oft vergeblich Furcht hat.

Für Wallenstein ein nicht gerade schmeichelhaftes Charakterbild! Wie zum Trost fügt Kepler hinzu: *Es ist aber das Beste an dieser Geburt, daß Jupiter darauf folget und Hoffnung machet, mit reifem Alter werden sich die meisten Untugenden abwetzen und also diese seine Natur zu hohen, wichtigen Sachen zu verrichten tauglich werden.* Wallenstein war kaum 25 Jahre alt, als er diese erste Horoskopdeutung entgegennahm. Er hat sie im Laufe der Jahre vielfach überprüft und eigenhändig mit Anmerkungen versehen.

Später, 1624, trug Wallenstein erneut durch den Oberstleutnant Gerard von Taxis an Kepler die Bitte heran, nach geänderter Geburts-Horoskop-Berechnung eine zweite Ausdeutung zu geben. Im Januar 1625 kam Kepler diesem Wunsch nach und unterzog Wallensteins erstes Horoskop einer gründlichen Revision.[45]

Wallensteins Horoskop, 1608 von Kepler gestellt

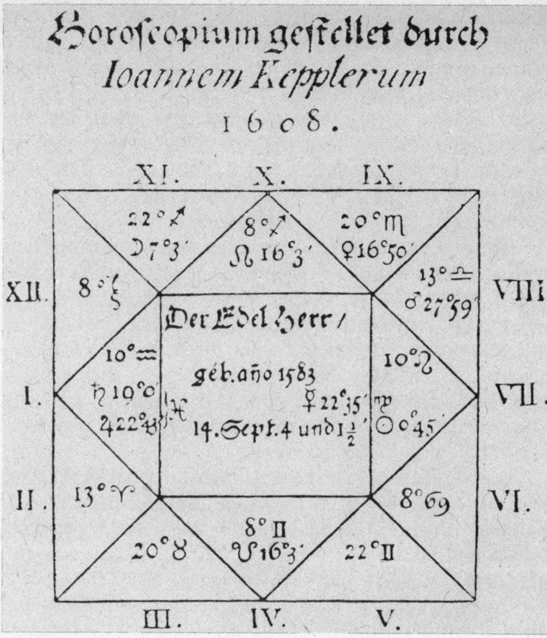

Wallenstein war bekanntlich ungleich Astrologie-gläubiger als Kepler. Ihm lag daran, bis in die Einzelheiten den Lauf seines Schicksals auf dem Vorwege zu erfahren. Kepler sollte ihm sagen, was ihm in jedem Jahr als Glück und Unglück zustoßen würde, wie lange der Krieg noch dauern, ob er zu Hause oder in der Ferne sterben und welches seine Todesursache, etwa ein Schlaganfall, sein würde, wer seine verborgenen und öffentlichen Feinde seien usw.

Kepler betont in seinem zweiten Horoskop-Gutachten, daß er dieses als Philosoph, das heißt als nüchtern denkender Mensch verfaßt habe und nicht aus der Stimmung der im Aberglauben verhafteten Volks-Astrologie. Entschieden wehrt er sich gegen Wallensteins Wunsch, bis in die Einzelheiten, zeitlich festgelegt, sein Schicksal im voraus zu erfahren. Denn nach Keplers präziser Auffassung ist dies unmöglich. Er möchte Wallenstein *den Wahn nehmen, als ob so ganz die Particularia* (Teilgeschehnisse) *aus dem Himmel vorauszusagen seien.* Denn die irdischen Ereignisse sind nach Kepler immer erst die Folge des Zusammenwirkens von himmlischen Konstellationen und irdischen Gegebenheiten. Das ganze Gutachten ist durchzogen von Warnungen vor dem astrologischen Fatalismus. Es ist eine einzige Unterbauung von Keplers Grundthese: *Die Sterne zwingen nicht, sie machen nur geneigt.*

Kepler räumt der menschlichen Willkür die Möglichkeit ein, himmlische Zwänge zu durchbrechen und von dem astrologisch vorgezeichneten Weg abzuweichen. Fast nie wirkt nach ihm der Himmel allein, sondern *der Geborene und andere, mit welchen er es zu tun hat, tun viel und fangen viel aus freier Willkür an, was sie auch wohl hätten unterlassen können und wozu sie vom Himmel nicht gezwungen wären. Dadurch aber befördern oder verhindern sie natürliche Zufälle, so daß sie ihre himmlische Zeit, Maß und Particularität nicht erreichen* – das heißt der Mensch ist ein wesentlich selbstgestaltender Faktor seines Schicksals.

Unmutig fragt Kepler, ob man ihn als Komödianten mißbrauchen wolle? Wenn danach das Begehren sei, so solle man zu jungen Astrologen gehen, die an einem solchen betrügerischen Spiel ihre Freude haben, aber nicht ihn, den *Philosophen,* um Rat fragen. *Wer gern mit sehenden Augen betrogen sein will,* der gehe zu den Kurpfuschern. Mit wahrer Astrologie habe das nichts zu tun: *Die Philosophia und also auch die wahre Astrologia ist ein Zeugnis Gottes und also ein heilig und gar nicht ein leichtfertig Ding. Das will ich für meinen Teil nicht verunehren.*

Unmißverständlich weist er mit scharfen Worten das Ansinnen Wallensteins zurück, die obengenannten konkreten Fragen, wie zum Beispiel nach der Todesursache, aus dem Horoskop vorauszusagen. Schon wer so fragt, ist nach Kepler *noch nie recht in die Schul gegangen und hat das Licht der Vernunft, das ihm Gott angezündet, noch nie recht geputzet; und wenn er nur mit Fleiß nachsinnen würde, wird er finden, daß diese Fragen, beides, zu erörtern und auch vorzulegen, eine recht unsinnige Weise sei.*

Wallenstein hatte sich diese erneute Maßregelung durch Kepler im Jahre 1625 gefallen lassen, wahrscheinlich auch dessen geistige Überlegenheit empfunden.

Im Jahre 1628, als Kepler nicht ein noch aus wußte, trat Wallenstein erneut auf den Plan. Der Gedanke, den großen Astrologen und Astronomen an sich zu fesseln, bestach ihn. Gewiß, er hatte seinen eigenen Hausastrologen, den Italiener Giovanni Baptista Seni –, aber dieser reichte auch nicht von ferne an das heran, was sich Wallenstein von Kepler versprechen konnte. So kam es mit Billigung Ferdinands II. dazu, daß Wallenstein Kepler das Angebot machte, ganz in seine Dienste zu treten. Darüber berichtet Kepler: *Ich erlangte die Gunst des Herzogs Albrecht von Friedland und Sagan, des Generalissimus der kaiserlichen Truppen, die ich vorher argwöhnisch angesehen hatte. Da dieser sowohl ein äußerst tapferer Held wie ein hoher Bewunderer der Mathematik ... zudem dem Kaiser sehr ergeben ist, so überhob er mich bei der ersten Erwähnung leicht der Notwendigkeit, außerhalb der kaiserlichen Erblande einen Aufenthaltsort zu suchen und deswegen beim Kaiser vorstellig zu werden. Er wies mir gnädigst einen ruhigen Platz in Sagan an, setzte mir ein seinem sonstigen glänzenden Auftreten entsprechendes Jahresgehalt aus und versprach mir auch eine Druckpresse, unter voller Zustimmung der kaiserlichen Umgebung.*

Die «kaiserliche Umgebung» stimmte freilich gerne zu – hatte doch Kepler an die Hofkasse noch legale Forderungen von fast 12 000 Gulden, für die damalige Zeit ein Vermögen. Nun erhielt Wallenstein den Auftrag, für diese lästige Schuld aufzukommen, ob er konnte oder nicht. Er konnte natürlich nicht. Kepler blieb bis zu seinem Tode der Gläubiger, der leer ausging.

Zunächst sah es so aus, als ob Kepler alles erreicht habe, was er sich nur wünschte. Er blieb in Diensten des Kaisers, er fand mit seiner Familie einen ruhigen Wohnsitz, konnte, in Oberschlesien als Protestant geduldet, in seiner Religionsausübung frei leben und erhielt ein verbessertes Gehalt (jährlich 1000 Gulden), mehr als bisher der Kaiser und die Linzer zusammen zahlten. Sogar eine Druckerei sollte ihm eingerichtet werden.

Ende April 1628 war alles klar – Kepler konnte die Umsiedlung seiner Familie von Regensburg nach Sagan in die Wege leiten. Am 26. Juli trafen sie dort ein.

Sagan

Es war vorauszusehen, daß Wallensteins glänzendes Angebot sich als Illusion erweisen sollte und Kepler sich in Sagan auf die Dauer nicht wohl fühlen konnte. Prag und Linz, ja selbst Ulm und Regensburg waren gegen Sagan «Weltstädte», in denen Menschen lebten und wirkten, mit denen Kepler geistigen Kontakt pflegen konnte. Schlesiens Bevölkerung lag ihm nicht, er selbst wurde von den Einheimischen als fremd empfunden. *Die Einsamkeit hier und so weit von den großen Städten fort – das drückt mich nieder*, so schreibt er an den Freund Bernegger. Und ein halbes Jahr später: *Ich bin Gast und Fremdling, fast völlig unbekannt, und verstehe kaum den Dialekt, und werde selbst als Barbar angesehen.*[46]

Zu seinem tiefen Erschrecken mußte er überdies bemerken, daß die Gegenreformation mit ihrer rücksichtslosen Kampfesart jetzt auch in den ostdeutschen Raum eingedrungen war: *Und zu all dem noch die Umtriebe der Reformation, die mich – wenn sie mich auch nicht unmittelbar betrafen – doch nicht ungeschoren lassen. Ich sah üble Beispiele, wie Bekannte, Freunde, Menschen meiner nächsten Umgebung, vernichtet wurden, und wie der persönliche Verkehr mit den erschreckten Menschen aus Angst abgebrochen wird und anderes mehr.*

Im November 1628 ließ Wallenstein durch seinen Landeshauptmann Grabes von Nechern die Bürgerschaft nachdrücklich auffordern, zur katholischen Kirche überzutreten oder auszuwandern. Zur gleichen Zeit wurden Jesuiten nach Sagan berufen, um dort ein katholisches Gymnasium einzurichten. Kommunion und Beichte wurden zu Pflichthandlungen jedes Bürgers erklärt.

Wenn Kepler selbst auch von solchen Anordnungen ausgenommen wurde, nahm ihm dieser – nun ja schon von Graz, Linz und

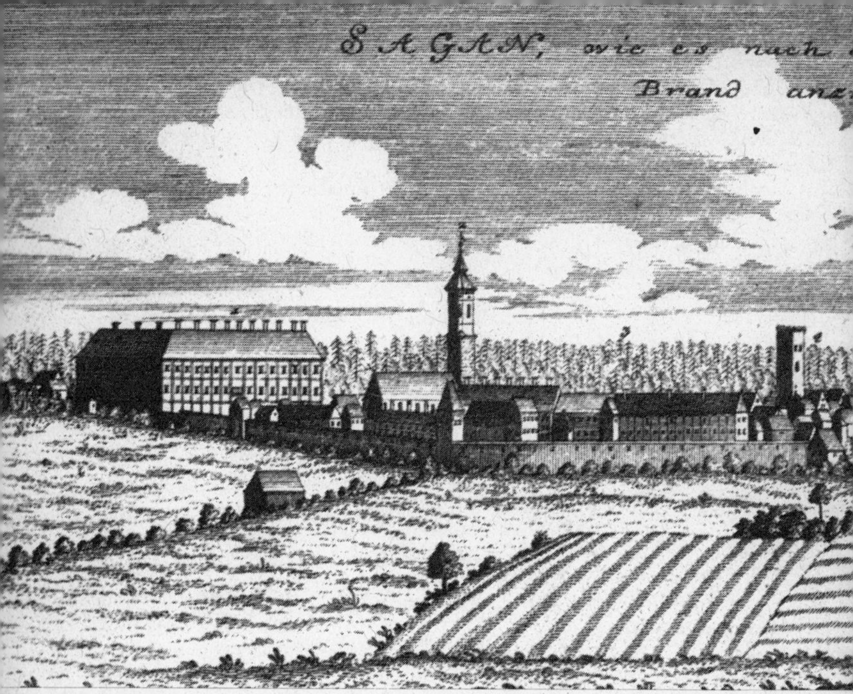

Prag her vertraute – religiöse Terror die Atemluft. Um nicht zu verzweifeln, stürzte er sich in seine Arbeit. Zunächst plante er, vor allem auf Wunsch von Wallenstein, noch nicht veröffentlichte Beobachtungen Tychos herauszugeben. *Inmitten des Zusammenbruchs von Städten, Provinzen und Staaten, von alten und neuen Geschlechtern, inmitten der Furcht vor barbarischen Überfällen, vor gewaltsamer Zerstörung von Heim und Herd sehe ich mich ... genötigt, Drucker zu dingen und die Herausgabe der tychonischen Beobachtungen vorzugeben oder auch wirklich anzufangen, ohne mir irgendwelche Furcht anmerken zu lassen.*

Schon früher hatte er dem unsicheren Lebensgefühl eines den Kriegswirren ausgelieferten geistig strebenden Menschen Ausdruck gegeben: *In Deutschland besteht nur die Wahl zwischen einer Stadt, die schon zerstört ist und einer, die noch zerstört wird (Quis locus eligendus, vastatus an vastandus).* Das für Kepler Unerträgliche dieser Situation sollte nicht übersehen werden: es handelte sich nicht nur um übliche Kriegswirren, sondern um den nun schon zehn Jahre währenden Religionskrieg, den Christen gegen Christen «um des Glaubens willen» mit brutalster Härte führten.

Demgegenüber war die einzig mögliche Lebensantwort Keplers: *Wenn der Sturm wütet und der Schiffbruch des Staates droht, können wir nichts Würdigeres tun, als den Anker unserer friedlichen Studien in den Grund der Ewigkeit zu senken.*

Sagan

Wahrscheinlich hatte sich auch Wallenstein Keplers Existenz in Sagan anders vorgestellt, als sie nun allein möglich wurde. Seine astrologische Neugier wird durch Kepler schwerlich die erwünschte Befriedigung gefunden haben. Hinzu kam, daß die ihm vom Kaiser aufgebürdete Last, Keplers Forderungen zu begleichen, bei leeren Kriegskassen sein Vermögen überstieg. Er unternahm zwei Versuche, um mit Anstand von seiner Schuld freizukommen.

Wallenstein bot durch den kaiserlichen Kommissar Johann von Oberkamp Kepler frei gewordene Lehen an, so das Gut Görlachsheim bei Friedland und ein anderes im Umkreis von Halberstadt. Doch auf diese Weise ließ sich Kepler nicht abspeisen. Es entsprach in nichts seinen Wünschen, als Gutsbesitzer im ost- oder norddeutschen Lebensraum seinen Lebensabend zu beschließen. Er bestand auf der Auszahlung der ihm zustehenden 11 817 Gulden.

Gleicherweise verweigerte Kepler die Annahme einer Berufung auf einen Lehrstuhl der mecklenburgischen Universität Rostock. Wohl nur zum Schein stellte er Bedingungen, von denen er im voraus wissen konnte, daß sie nicht erfüllbar waren. Einem Ruf nach Straßburg oder gar Tübingen wäre er sofort gefolgt. Aber dort verhinderten ja seine protestantischen «Freunde» mit aller Gewalt diese so naheliegende Schicksalslösung.

Nichts zog Kepler in den Norden. Im Grunde war jetzt schon vorauszusehen, daß Wallenstein nicht lange mehr «beider Lande Meck-

Jakob Bartsch, Keplers Schwiegersohn

lenburg Herr» bleiben würde. Kepler resümiert nüchtern: *Ist Friede an der Ostsee, so ist der Herzog gezwungen, mit seinen Truppen weiter von da weg zu ziehen. Ist aber kein Friede, wie fast allgemein angenommen wird, so wird er dort die Schweden, Dänen und die holländische Flotte zu Feinden haben.* Und damit wäre Kepler nur noch mehr vom Regen in die Traufe gekommen.

Kepler ließ zunächst alle Veränderungspläne auf sich beruhen und wandte sich seiner Arbeit zu. Die Herausgabe der tychonischen Beobachtungen war für ihn zu diesem Zeitpunkt weniger wichtig als der Druck der *Ephemeriden.* Die Veröffentlichung des ersten Teiles hatte er bereits 1617 in Linz besorgt, nun war der zweite Teil fällig, zumal nach Fertigstellung der *Rudolphinischen Tafeln* alle Interessierten nach zuverlässigen «Ephemeriden» verlangten.

«Ephemeriden» gehören zu dem unumgänglichen Handwerkszeug jedes Astronomen und Astrologen. Es sind Tabellen, aus denen die genauen Standorte der Planeten für jeden beliebigen Tag – rückwärts wie vorwärts – im Zeitenlauf entnommen werden können.

In dem jungen Medizinstudenten Jakob Bartsch, aus Lauban in der Lausitz, fand Kepler eine unerwartete Hilfe. In Straßburg hatte Bartsch außer Medizin auch Astronomie studiert und dabei häufig im Hause Berneggers verkehrt. Nun übernahm er für Kepler die Berechnung der Ephemeriden der Jahre 1629 bis 1636.

Aus diesem Arbeitsverhältnis wurde in Kürze ein menschlicher Kontakt, der in Kepler den Wunsch entstehen ließ, in Bartsch einen Schwiegersohn zu gewinnen; seine Tochter Susanna, geboren 1602, war im heiratsfähigen Alter. Zur Zeit stand sie im «Fürstlich Marggrävischen Frauenzimmer in Durlach in Diensten». Da Bartsch in Straßburg studierte und Durlach – heute ein Stadtteil von Karlsruhe – von dort ungleich leichter zu erreichen war als Sagan, bat Kepler seinen Freund Matthias Bernegger um Vermittlung.[47]

Als besorgter Familienvater suchte er zunächst durch Bernegger Erkundigungen über das Privatleben und den Charakter von Jakob Bartsch einzuziehen: *Der Herr, den ich meine, wohnt in meiner Nähe und hilft mir bei den Berechnungen. Er ist noch Junggeselle. Er dachte bisher noch nicht an eine Heirat, weil er den Ausgang der Reformation* – gemeint ist die Gegenreformation – *in der Lausitz abwarten wollte ... Bitte erkundige Dich doch danach, wie er in Straßburg lebte, welchen Umgang er hatte, wieviel Geld er verbrauchte und welche Aussichten er hat, in Straßburg eine Professur zu bekommen, falls die Sache in der Lausitz schlecht ausfällt.* Hier schreibt der bürgerliche Vater Kepler, der seine Tochter gut verheiratet wissen möchte.

Sehr charakteristisch für ihn ist, daß er in diesem Brief an Bernegger über Bartsch hinzufügt: *Etwas gefällt mir an ihm nicht: er gründet seine Unternehmungen auf die Astrologie. Er treibt allerdings auch Medizin. Wenn Du glaubst, daß Dein Bericht mich zufriedenstellen wird, dann, bitte, schreibe ihm. Sage ihm zunächst, es sei nicht ratsam, die Medizin aufzugeben und sich nur auf die Mathematik zu verlassen. Sodann mache ihm Hoffnung, daß er mit meiner Empfehlung angenehm in Straßburg leben könne. Sage ihm ferner, er soll, was die Hauptsache ist, offen vorgehen, nachdem er bereits durch einen offenen Brief Anlaß zu Vermutungen gegeben hat. Er möge um meine Tochter anhalten, wobei Du vielleicht der Brautvater sein könntest. Du bist ja in der Nähe und mit ihr gut bekannt. Das reicht für einen klugen Mann!*

Man sieht, der nüchterne Kepler entwickelt einen wohldurchdachten Feldzugsplan, um den Schwiegersohn einzufangen. Es gelingt ihm. Unter der treuen Obhut von Herrn und Frau Professor Bernegger kommt die Verlobung zustande. Am 12. März 1630, am gleichen Tag, da Jakob Bartsch frühmorgens zum Doktor der Medizin promovierte, fand in Straßburg die kirchliche Trauung und das Hochzeitsfest statt. Zu seinem Leidwesen konnte Kepler selbst nicht zugegen

Matthias Bernegger. Kupferstich

sein. Dafür war er vertreten durch seinen Bruder Christoph, seine Schwester Margarete Binder und seinen Sohn Ludwig.

Anschaulich schildert Bernegger in einem Brief vom 22. März an Kepler das festliche Ereignis: «Alles in allem: den Brautzug bildeten die ersten Männer und Frauen aller Stände. Ich habe wirklich selten so viele Menschen beisammen gesehen. Alle Straßen, durch die wir zogen, waren überfüllt. Die große Zahl der herbeigeströmten Zuschauer hätte allein eine ziemlich große Stadt gefüllt. Aber Du darfst nicht glauben, daß diese Ehre nur der Braut und dem Bräutigam galt. Dir galt sie ganz besonders. Wie sehr hatten wir doch gewünscht, Dich unter uns zu sehen!

Die Leute wiesen mit den Fingern auf sie [die Braut] hin und zeigten sie einander. Nach den Feierlichkeiten in der Kirche wurde ein Mahl geboten, so anspruchsvoll, wie es die Zeiten eben erlaubten. Der hohe Magistrat der Stadt hatte zwei Eimer eines recht guten Weines beigesteuert ... Ich beglückwünsche Dich von ganzem Herzen zu solch einem Schwiegersohn und zu solch einer Tochter. Du kannst Dir keine besseren wünschen!»

Fünf Wochen nach dieser Hochzeit, am 18. April 1630 wurde die jüngste Tochter Keplers (das zwölfte Kind beider Ehen) in Sagan geboren. Sie wurde auf den Namen Anna Maria getauft. Verständlich, daß Johannes Kepler seine Frau Susanne nicht in Sagan allein hatte lassen wollen und darum bei der Hochzeit fehlen mußte.

Der in Straßburg geschlossene Ehebund währte nur dreieinhalb Jahre. Schon Ende 1633 wurde Jakob Bartsch von der Pest befallen und starb in seinem Geburtsort Lauban. Susanna blieb als Witwe mit zwei Kindern zurück und ging später eine zweite Ehe mit Martin Hiller in Lauban ein.

Im September gelang die Fertigstellung des zweiten Ephemeridenbandes, an dem Jakob Bartsch einen so großen Anteil hatte. Gleichzeitig aber traf die bestürzende Nachricht von der Absetzung Wallensteins ein (offizielle Bekanntgabe am 13. September 1630). Ende Juni hatten sich die Kurfürsten des Reiches in Regensburg versammelt. Die katholischen waren persönlich erschienen, die protestantischen hatten sich durch Bevollmächtigte vertreten lassen. Der Kaiser kam mit seinem ganzen Hofstaat. Wallenstein blieb fern, nahm abwartend Quartier in Memmingen. Er kannte die ihm nicht wohlgesonnenen Kurfürsten.

Fast zu dem gleichen Zeitpunkt, da die Reichsführung sich in Regensburg versammelte, landete in Pommern der Schwedenkönig Gustav II. Adolf. Gleichzeitig aber kämpften die kaiserlichen Heere in Italien und Frankreich. Es war eine höchst komplizierte Situation. Der Herzog von Pommern sandte seinen Boten an den Kurfürstentag mit der dringenden Bitte um Hilfe gegen die Schweden.

In diesem kritischen Augenblick, einer völlig unübersichtlichen Reichslage, stießen die katholischen Kurfürsten vor und verlangten vom Kaiser die Abberufung Wallensteins als Generalissimus der kaiserlichen Heere. Zu mächtig war er ihnen geworden, zu selbstherrlich hatte Wallenstein in allen Landen, durch die er mit seinen Truppen zog, die Kriegskontributionen eingezogen. Auch hatte er oft religiöse Toleranz walten lassen, wo in den Augen der katholischen Kurfürsten Strenge am Platz gewesen wäre. Jetzt sahen sie den Augenblick gekommen, diesen lästigen und konfessionell nicht zuverlässigen Konkurrenten loszuwerden. Der Kaiser in seiner Notlage gab in einer geheimen Sitzung am 13. August in Regensburg nach. Er verlangte nur, die Entlassung Wallensteins habe in vollen Ehren zu geschehen.

Der Historiker Leopold von Ranke[48] vermutet, daß Wallenstein diese vorübergehende Wendung seines Schicksals nicht einmal ungern angenommen habe – soll er doch geäußert haben, «er werde dadurch von den Wirrsalen im Reiche erlöst und komme damit aus einem großen Labyrinth». Für das Schicksal des Johannes Kepler war dieser militärische Führungswechsel innerhalb der Habsburger Monarchie von entscheidender Bedeutung. Denn nun war klar, daß er sich sofort von Wallenstein und seinem Wohnort Sagan wieder lösen müsse.

Die letzte Reise

Da das Reich die inzwischen durch fällige Zinsen angewachsenen Forderungen Keplers immer noch nicht begleichen konnte, Wallenstein gleichfalls finanziell außerstande war, es zu tun, ihm aber gewisse Hoffnungen von Linz aus gemacht wurden, so begab er sich erneut auf den Weg über Leipzig nach Regensburg, um dort bei der kaiserlichen Hofkasse vorstellig zu werden und dann später auch Linz aufzusuchen. Natürlich verband er damit die Absicht, nach einer neuen Wirkensstätte Ausschau zu halten. Am 8. Oktober 1630 verließ er Sagan und die Seinen und traf am 14. des Monats in Leipzig ein, wo er bei Philipp Müller, Professor der Mathematik, der Botanik und Medizin, liebevolle Aufnahme fand. Seit 1622 hatte sich zwischen

Das Donau-Ufer bei Keplers Sterbehaus. Zeichnung von J. G. Bahre, 1630

beiden Männern ein freundschaftliches Verhältnis gebildet, das in einem häufigeren Briefwechsel seinen Ausdruck fand. In dem letzten Brief, den wir überhaupt von Keplers Hand besitzen – am 21. Oktober aus Leipzig gerichtet an Bernegger in Straßburg [49] –, nennt Kepler warmherzig Philipp Müller seinen *zweiten Bernegger*. Seine Zukunftspläne sind: *Jetzt reise ich weiter nach Regensburg und Linz und von dort zum Herzog, also nach Sagan, so Gott will.*

Gott wollte nicht. Bis Regensburg gelangte er – aber weiter nicht. Der Brief schließt: *Ergreift mit mir zusammen mutig den einzigen Anker der Kirche: die Gebete zu Gott für die Kirche – und betet für mich.* Wie Todesahnung muten diese letzten Zeilen an.

Anfang November erreicht Kepler als einsamer Reitersmann die Donau und zieht über die «Steinerne Brücke» in Regensburg ein.

Das Sterbehaus in Regensburg, Keplerstraße 5

In dem stattlichen Haus des Handelsmannes und späteren Gastwirts Hillebrand Billig in der heutigen «Keplerstraße» nimmt er Quartier – dicht bei der Wohnung, in dem seine Familie in den Jahren 1626 bis 1628 Unterkunft gefunden hatte.

Offenkundig hat der Ritt von Leipzig nach Regensburg seine an sich schwachen Lebenskräfte über Gebühr beansprucht. Das ungute Novemberwetter und die schlechten Wegeverhältnisse werden dazu beigetragen haben, daß Kepler als kranker Mann in die Stadt einzog. Zunächst scheint er seinen Zustand nicht ernst genommen zu haben. Doch nach drei Tagen wurde er von Fieber befallen. Man holte Medikamente aus der nahe gelegenen Elefantenapotheke. Als diese nicht helfen wollten, griff man zu dem damals so üblichen Allheilmittel, dem Aderlaß – ohne Erfolg. «Bald verlor er immer mehr und mehr durch das zunehmende Fieber die Besinnung. Während der Krankheit führte er verwirrte Reden ... Einige Geistliche besuchten ihn ...» So der Bericht eines Augenzeugen. Es wurde hinzugefügt: «Als es mit ihm zu Ende ging, antwortete er auf die Frage, wodurch er selig zu werden hoffe, mit innerster Überzeugung: *Einzig durch das Verdienst unseres Erlösers Jesus Christus.*

Als der Kaiser mitten im Aufbruch von Regensburg von der schweren Erkrankung Keplers erfuhr, schickte er sofort einen Boten, der ihm mit den Wünschen für eine gute Gesundung eine Geldsumme – 25 oder 30 ungarische Goldgulden – zu überbringen hatte. – Wenn man bedenkt, daß die kaiserliche Kasse Kepler 11 817 Gulden schuldete, war es eine hilflose Geste des schuldbewußten Kaisers, ein Tropfen auf den heißen Stein.

Das Ende war gekommen. Am 15. November 1630, kurz vor Vollendung seines 59. Lebensjahres, verließ die Seele Johann Keplers das Leben im irdischen Leibe.

Da die Protestanten innerhalb der Stadt Regensburg keinen Friedhof hatten, wurde der Leichnam Keplers am 17. November auf dem St. Peter-Friedhof außerhalb der Stadtmauer beigesetzt. Man sagt: «zur letzten Ruhe» – doch diese war der sterblichen Hülle nur kurze Zeit vergönnt. Bereits drei Jahre später wurde das Grab in Erwartung der Belagerung Regensburgs durch die Schweden zerstört und damit für die Folgezeit unauffindbar.

Zeitgenossen berichten, daß am Abend des Begräbnistages ein Zeichen geschah: der Himmel tat sich auf, und Feuer in Gestalt einer Kugel fiel herab, die man weithin auch über Regensburg hinaus sehen konnte.

Der lateinische Text der zerstörten Grabesaufschrift blieb erhalten und lautet in deutscher Übersetzung:

Hier ruht der hochangesehene, hochgelehrte und weltberühmte Mann

Herr Johannes Keppler

30 Jahre hindurch Mathematikus dreier Kaiser, Rudolfs II., Matthias' und Ferdinands II., vorher aber der steirischen Landschaft von 1594 bis 1600, dann auch der österreichischen Stände von 1612 bis zum Jahre 1628, der ganzen Christenheit bekannt durch seine Schriften, von allen Gelehrten den Fürsten der Astronomie zugezählt, der sich diese Grabschrift selbst bestimmt hat:

Himmel hab' ich gemessen, jetzt meß' ich die Schatten der Erde
Himmlischen Lebens mein Geist, Schatten mein Leib, der hier liegt

Gottergeben starb er in Christo im Jahr des Heils 1630 den 5. November im sechzigsten Jahr seines Lebens.

Der lateinische Text des von Kepler stammenden Epigramms lautet:

Mensus eram coelos, nunc terrae metior umbras.
Mens coelestis erat, corporis umbra jacet.

Dieser berühmte Zweizeiler ist vielfach übersetzt worden. Wir wählten die Fassung, die der 1969 verstorbene Kepler-Forscher Franz Hammer[50] in Anlehnung an eine Übersetzung von Reinhold Schneider gegeben hat.

DER TRAUM VOM MOND

Wohl das eigentümlichste Werk, das Kepler je geschaffen, erschien erst vier Jahre nach seinem Tode. Es trägt den Titel: *Somnium seu Opus posthumum de Astronomia Lunari* – zu deutsch: *Traum oder nachgelassenes Werk über die Mondastronomie.*

Ludwig Kepler[51] hatte den Druck, den der Vater schon zu Sagan 1630 begonnen, in Frankfurt zu Ende führen lassen. Durch Widmung vom 18. Dezember 1634 ist das Büchlein dem Landgrafen Philipp II. von Hessen zugeeignet.

Das kleine Werk hatte seine Geschichte. Schon vor 1593 hatte Kepler sich mit dem Mond-Thema beschäftigt. Später las er Plutarchs Schrift «Vom Gesicht im Mond» und erinnert sich: *Sooft ich dieses Buch Plutarchs wieder lese, sooft wundere ich mich, warum unsere Träume oder Fabeln so genau übereinstimmen. Bei mir ist ein altes Schriftblatt, von Deiner Hand, lieber Doktor Christophorus Basold, beschrieben, es enthält ungefähr zwanzig Himmelserscheinungen auf dem Mond, die Du aus meinen Dissertationen im Jahre 1593 zusammengestellt und gegen Dr. Veit Müller in Tübingen verteidigt hast.* Auch Lukians Geschichte vom Mond las er in Graz 1595 in der griechischen Sprache. *Dies war für mich die erste Fährte auf dem Wege zum Mond, den ich zu späterer Zeit betrat.* Im Sommer 1609 schrieb er den wesentlichen Teil seines Manuskriptes nieder, nachdem er den Inhalt mit Matthäus Wackher von Wackhenfels weidlich durchdiskutiert hatte. Anregungen entnahm er weiter der Lektüre des Kommentars von Erasmus Reinhold zu den Theorien von Georg von Penzbach und vor allem einer Geschichtensammlung Gabriel Rollenhagens. Diese Sammlung enthielt unter anderem die Mondfahrt des Lukian, die Legende des irischen Heiligen Brandanus – seine Reise durch Hölle und Himmel – und die Legende von St. Patrick.

Eine Abschrift seines ersten Manuskriptes wurde im Jahre 1611 von Prag nach Leipzig und von da nach Tübingen gebracht *vom Freiherrn von Volkendorf und seinen Hofmeistern. Was fehlt noch, daß ihr glaubt, in den Barbierstuben sei von meiner Fabel gefabelt worden ...*

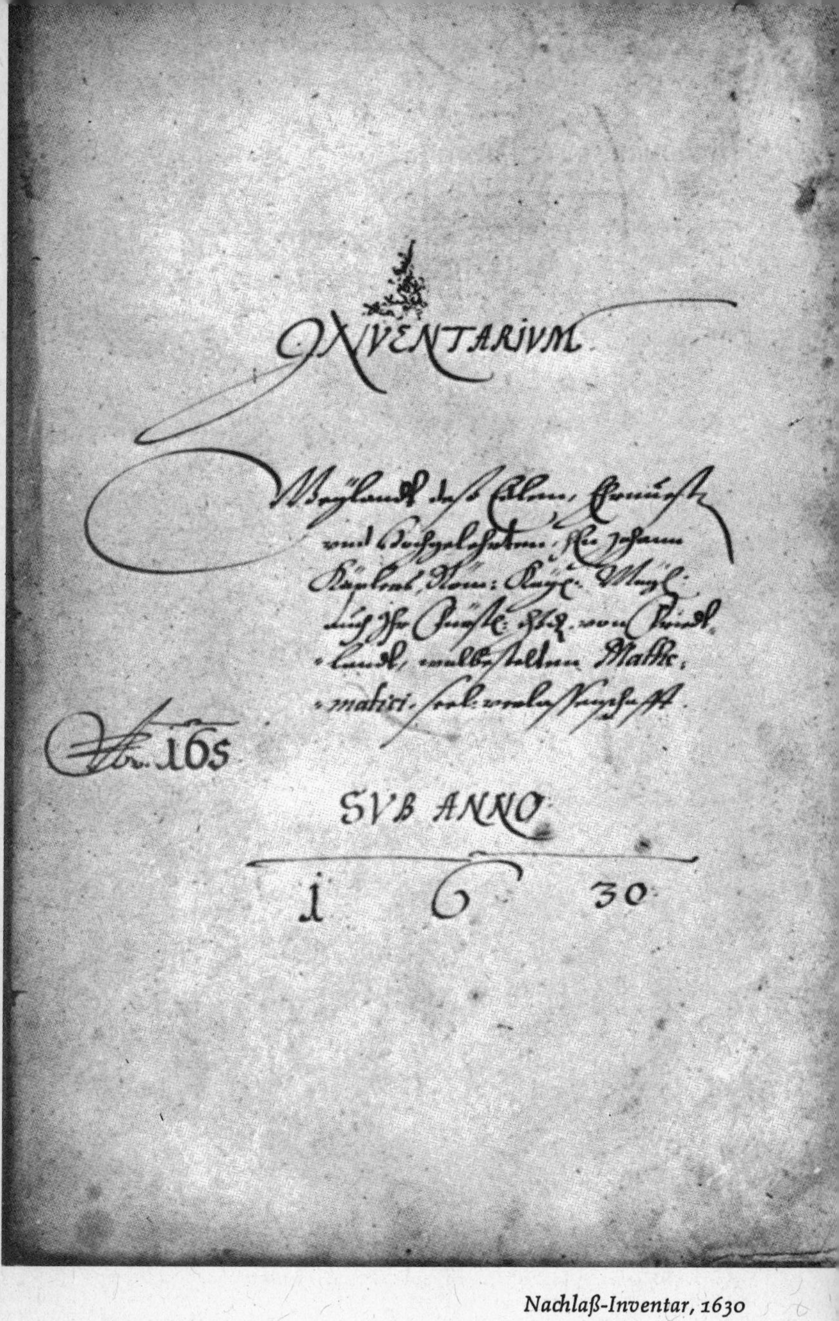
INVENTARIUM

[illegible]

No. 165

SUB ANNO

1630

Nachlaß-Inventar, 1630

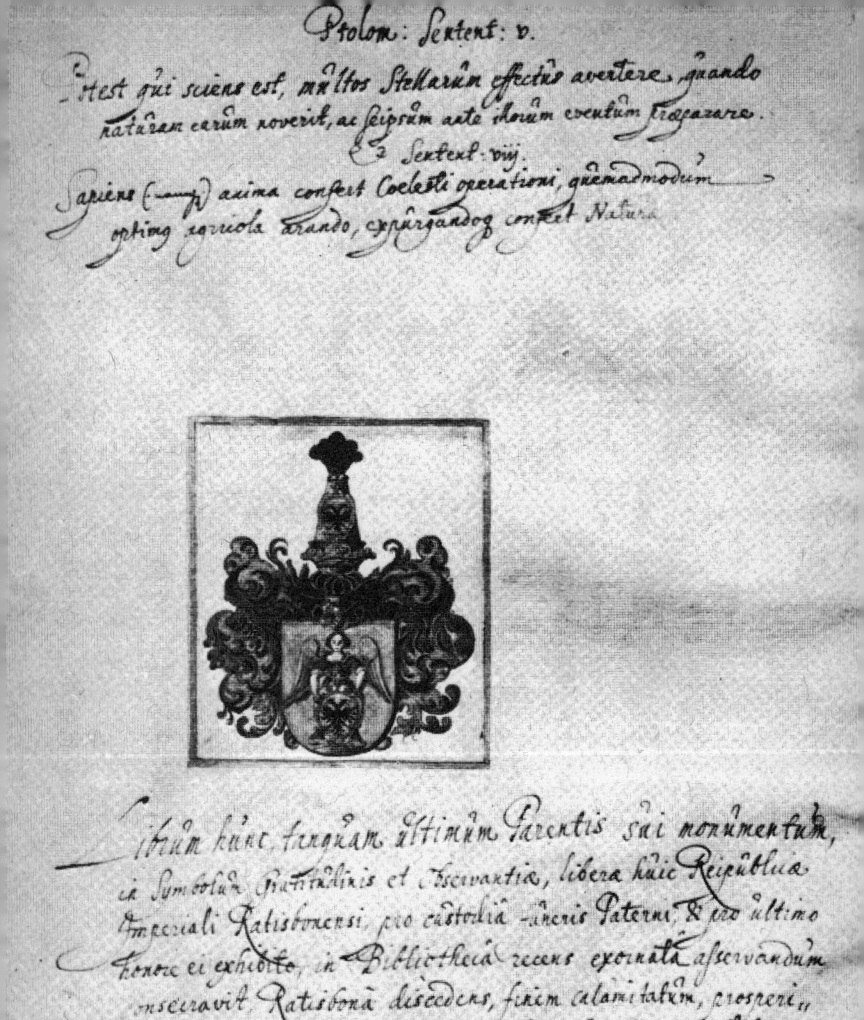

Ptolom: Sentent: v.

Potest qui sciens est, multos Stellarum effectus avertere, quando naturam earum noverit, ac seipsum ante illorum eventum praeparare.

Et Sentent: viij.

Sapiens (—) anima confert Coelesti operationi, quemadmodum optimus agricola arando, expurgandoq confert Naturae

Librum hunc, tanquam ultimum Parentis sui monumentum, in Symbolum Gratitudinis et Observantiae, liberae huic Reipublicae Imperiali Ratisbonensi, pro custodia funeris Paterni, & pro ultimo honore ei exhibito, in Bibliotheca recens exornata asservandum consecravit, Ratisbona discedens, finem calamitatum, prosperitatisq & pacis reductionem vovens, suam quoq promptitudinem ad officia qualiacunq offerens

LUDOVICUS KEPLERUS
Johannis filius, Phil: & Medic: Doctor

Ao 1628. 9 Aug.

Widmung des Dr. Ludwig Kepler an die Reichsstadt.
Aus den «Rudolphinischen Tafeln»

Jedenfalls hat es Kepler in dem Prozeß gegen seine Mutter zu spüren bekommen: *Sicher sind aus jener Stadt* – gemeint ist Tübingen – *und jenem Haus* – dem von Volkendorf – *in den nächstfolgenden Jahren Verleumdungen über mich ausgegangen, die von unsinnigen Köpfen aufgefangen zum Gerücht anschwollen, durch Aberglauben und Unwissenheit gebläht.*

Der *Traum* bringt eine geniale Verbindung von phantasievoller Märchenstimmung und «exakter» Mondforschung, geistreich und zum Teil ironisch geschrieben und doch, wie stets alles bei Kepler, zugleich völlig ernsthaft gemeint.

Wir müssen uns hier versagen, auf den Inhalt dieser Keplerschen Traummythe vom Mond einzugehen. Es trifft zu, was er selber über den *Traum* sagt: *Meine Abhandlung hat so viel Probleme als Zeilen, doch wer wird die Mühe ihrer Lösung sich aufladen?* Bis das Manuskript in Keplers Augen druckreif war, hatte der Text von 28 Seiten von ihm zusätzlich 68 Seiten Anmerkungen in Kleindruck erhalten.

Es würde sich heute, im Zeichen der Mondforschung des 20. Jahrhunderts, lohnen, dieses Vorläufer-Werk Jules Vernes einmal gründlich auf seinen Wahrheitsgehalt zu prüfen.

SCHLUSSWORT

«Man muß sich doch auch seine Heiligen wählen ... so habe ich mir so meine eigenen gewählt und vor allen anderen den Kepler. Der hat immer in meinem Vorsaal eine eigene Nische, in der sein Brustbild aufgestellt ist.»

Sollte dieser Ausspruch Goethes jetzt am Ende der Kepler-Monographie dem Leser einleuchten, so wäre das erstrebte Ziel erreicht: Johannes Kepler, ein «Vorsaal» zum geistigen Raum Goethes, das heißt seiner Naturforschung. Kepler ist sowohl der Begründer der Astronomie als mathematisch-physikalischer Wissenschaft wie der eindeutige Vorläufer Goethes als Naturforscher.[52] Im Gegensatz zu Galilei und Newton hat er die Ergänzung der Naturwissenschaft durch eine sich nicht auf die kausale Fragestellung und mathematische (quantitative) Methode allein beschränkende Forschung angestrebt.

Es mag darum auch heute als berechtigt erscheinen, sich Kepler zum «Heiligen» zu wählen. Doch muß hinzugefügt werden: Ein «zurück zu Kepler», eine «Kepler-Renaissance» würde für die Gegenwart keine Hilfe bedeuten. Inhalte und Formulierungen seiner Werke sind zeitgebunden und überholt – nicht aber der ursprüngliche und sich durch das gesamte Leben Keplers auswirkende spirituelle Willensimpuls. Mit ihm sich heute zu verbinden, ist lohnend. Es könnte helfen, aus dem geistigen Vakuum herauszuführen, in dem sich die gegenwärtige Menschheit befindet.[53]

Das gleiche gilt auch von der anderen Lebenskomponente Keplers, um derentwillen ihm soviel Leid geschah: Sein Suchen nach einer kirchlichen Gemeinschaftsform, in der es keine konfessionellen Schranken gibt. Auch dies ist heute für viele Christen noch eine unerfüllte Forderung. Keplers unbeugsamer Wille, sich nicht durch kirchlichen Machtwillen oder Theologengezänk in der christlichen Substanz einengen und vom Wesen des Christentums abdrängen zu lassen, ist und bleibt vorbildlich. Auch hier darf er im modernen Sinne als «Heiliger» gelten.

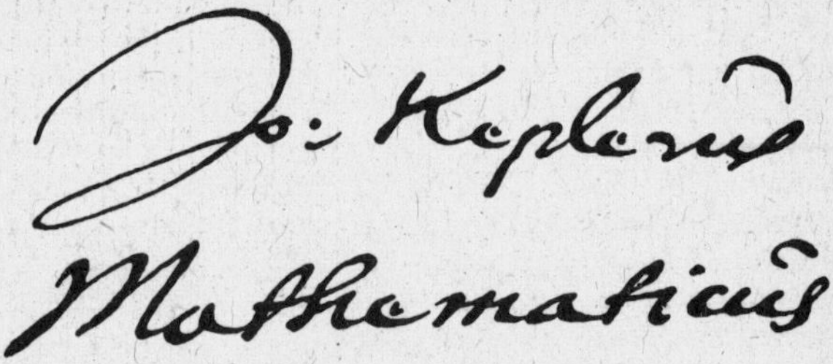

Das einzig authentische Bild des kaiserlichen Mathematikus

ANMERKUNGEN

Im «Kepler-Jahr» 1971 ist manches zu Ehren von Johannes Kepler geschehen. Symposien wurden in Moskau, Prag und Weil der Stadt gehalten. Neuerscheinungen auf dem Büchermarkt suchen Wesen und Werk Keplers der Gegenwart nahezubringen. Wir nennen nur den Bildband des am 15. August 1970 gestorbenen Linzer Museumsdirektors Dr. Justus Heinrich Schmidt: «Johannes Kepler. Sein Leben in Bildern und eigenen Berichten» (Linz 1970; zit.: Schmidt) und das aufschlußreiche Buch: «Johannes Kepler, Selbstzeugnisse». Ausgewählt und eingeleitet von Franz Hammer, übersetzt von Esther Hammer, erläutert von Friedrich Seck (Stuttgart 1971). Der verdienstvolle Kepler-Forscher Dr. Franz Hammer starb gleichfalls vor der Veröffentlichung dieser Schrift (zit.: Hammer, Selbstzeugnisse).

Die Standard-Biographie, die jedem zu empfehlen ist, der Keplers Leben und Werk genauer kennenlernen will: Max Caspar: «Johannes Kepler» (3. Aufl. Stuttgart 1958; zit.: Caspar).

Die sechs Briefbände (13.–18.) der neuen Gesamtausgabe (München 1945 bis 1959) sind eine unerschöpfliche Fundgrube für das Studium Keplers (zit.: Briefe).

Im übrigen finden sich für die Abkürzungen wie «Baumgardt» u. a. die notwendigen Hinweise in der Bibliographie.

1 Siehe Leopold Prowe: «Nicolaus Coppernicus». 3 Bde. Berlin 1883.
2 Siehe Johannes Hemleben: «Galileo Galilei». Reinbek 1969 (= rowohlts monographien. 156).
3 Der genaue Titel lautet: *Prodromus Dissertationum Cosmographicarum, Continens Mysterium Cosmographicum, De Admirabili Proportione Orbium Coelestium, Deque Causis coelorum numeri, magnitudinis, motuumque periodicorum genuinis et propriis, Demonstratum, Per Quinque regularia corpora Geometrica.*
4 Dieses Werk wird nach Caspar besser mit *Harmonice Mundi* zitiert, weil «Harmoni c e s» nur als Genitiv in der griechischen Sprache zu verstehen ist. Der Titel lautet: *Harmonices Mundi Libri V* = Fünf Bücher von der harmonischen Welt. Wir bleiben bei der früher üblichen Abkürzung: *Harmonices mundi* und wählen in der deutschen Sprache sowohl *Weltharmonie* wie *Weltharmonik.*
5 Carl Friedrich von Weizsäcker: «Die Tragweite der Wissenschaft» I. Bd. Stuttgart 1964. S. 15.
6 Vgl. hierzu Weizsäcker: «Zum Weltbild der Physik» (1957); Pascual Jordan: «Der Naturwissenschaftler vor der religiösen Frage» (1963); Werner Heisenberg: «Der Teil und das Ganze» (1969); Weizsäcker: «Die Einheit der Natur» (1971).
7 Vgl. Reitlinger u. a. S. 37, und Hammer, Selbstzeugnisse: Brief an Paul Guldin 1628.
8 Siehe Schmidt, S. 219; Strauß, S. 171.
9 Baumgardt, S. 19.
10 Schmidt, S. 220.
11 Im Rückblick auf die erste Auflage des *Mysterium Cosmographicum* schreibt Kepler: *Fast alle astronomischen Bücher, die ich seit jener Zeit herausgab, konnten sich auf irgendeines der Hauptkapitel in diesem kleinen Buch beziehen, als deren Erweiterung oder Vervollkommnung sie sich daher darstellen.* («Bibliographia», S. 77.)
12 Prowe, a.a.O., Bd. III, S. 285 f.
13 Caspar, S. 78 f.

14 Walther Gerlach: «Bemerkungen zum Fall Galilei». In: International Dialog Zeitschr. 3. Jg. 1970, H. 1.
15 Baumgardt, S. 36.
16 Briefe, Bd. 14 Nr. 175 (lat.).
17 Briefe, Bd. 14 Nr. 180 (lat.).
18 Caspar, S. 141.
19 Briefe, Bd. 13 Nr. 91 S. 193 (lat.).
20 Beigefügt der «Verbesserten Darstellung der Fixsterne» von Tycho Brahe: «Progymnasmata» Bd. I, S. 295.
21 Baumgardt, S. 86.
22 Ebd.
23 Caspar, S. 267.
24 Briefe, Bd. 17 Nr. 669 (lat.), Übers.; Hammer, Selbstzeugnisse: An einen unbekannten Freiherrn (1603), S. 41.
25 Briefe, Bd. 17 Nr. 750 (lat.), und Schmidt, S. 250–251.
26 Brief aus Linz an Matthias Hafenreffer, 11. April 1619, Briefe, Bd. 17 Nr. 835 (lat.), und Baumgardt, S. 9–12.
27 Friedrich Doldinger: «Erda-Maria. Gedichte». Stuttgart 1926.
28 Zitate nach: *Weltharmonik*. Übers. und eingel. von Max Caspar. 2. Aufl. München 1967.
29 Der Neuplatoniker Proklos aus Lykien lebte 410 bis 485. Sein System bildet die Brücke von den «Heiden» Platon und Kaiser Julian zu den Schriften des «Christen» Dionysius Areopagita.
30 Im Sinne eines Gegenwartsbewußtseins wird der Begriff «Astrosophie» im Unterschied zu «Astrologie» und «Astronomie» von Rudolf Steiner verwandt. Siehe seine Vortragsreihe: «Das Verhältnis der verschiedenen naturwissenschaftlichen Gebiete zur Astronomie. 18 Vorträge, 1.–18. Januar 1921». Hg. von der mathematisch-astronomischen Sektion am Goetheanum, 1926.
31 Sebastian Faber, Vizekanzler des Herzogs Johann Friedrich von Württemberg; s. Briefe, Bd. 17 Nr. 756 (lat.).
32 Briefe, Bd. 17 Nr. 880.
33 Zit. nach Schmidt, S. 293.
34 Siehe Schmidt, S. 294: «Am 4. Oktober 1621 wurde sie freigesprochen und aus der Haft entlassen. Über dem glückhaften Ende strahlte aber wie oft im Leben Keplers das Kreuz mit den Rosen. Sein treuergebener Jugendfreund, der Rosenkreuzer Christoph Basold, war ein hervorragendes Mitglied der juristischen Fakultät der Universität Tübingen.»
35 Briefe, Bd. 18 Nr. 1024 (lat.): An Paul Guldin in Wien; Linz, 7. Februar 1626.
36 Briefe, Bd. 18 Nr. 1025 (lat.): An Wilhelm Schickart (1592–1635) in Tübingen, 25. April 1626.
37 Ebd.
38 Briefe, Bd. 18 Nr. 1036 (lat.): An Matthias Bernegger in Straßburg; Ulm, 8. Februar 1627.
39 Nach W. Gerlach und M. List: «Johannes Kepler». München 1966. S. 114.
40 Caspar, S. 390.
41 Briefe, Bd. 18 Nr. 1040 (lat.): An Matthias Bernegger; Ulm, 6. April 1627.
42 Paul Guldin SJ (1577–1643), Professor der Mathematik in Wien. Briefe, Bd. 18 Nr. 1072 (lat.), Prag, 24. Februar 1628; Übersetzung: Hammer, S. 58.
43 Ebd.
44 Strauß, S. 180 f.

45 Strauß, S. 194 f.
46 Briefe, Bd. 18 Nr. 1102 (lat.): An Matthias Bernegger; Sagan, 2. März 1629.
47 Briefe, Bd. 18 Nr. 1105 (lat.): An Matthias Bernegger; Görlitz, 10. April 1629. Übersetzung: Baumgardt, S. 143.
48 Leopold von Ranke: «Geschichte Wallensteins». Köln o. J. und Hellmut Diwald: «Wallenstein». München 1969.
49 Briefe, Bd. 18 Nr. 1145 (lat.).
50 Hammer: Biographische Einleitung zu «Selbstzeugnisse», S. 9.
51 Keplers Witwe Susanne scheint zunächst mit ihren vier Kindern von Sagan nach Lauban zu ihrem Schwiegersohn und ihrer Tochter gezogen zu sein. Dann muß sie auf Umwegen nach Frankfurt am Main – wegen der dortigen Buchmesse – gelangt sein und hat schließlich in Regensburg erneut ihren Wohnsitz genommen. Dort starb sie am 30. August 1636. Die beiden Söhne Fridmar und Hildebert scheint sie nicht mit nach Regensburg gebracht zu haben. Beide starben 1635 vermutlich an der Pest.

Die Töchter Cordula und Anna Maria überlebten die Mutter. Ein Regensburger Ratsbeschluß vom 6. August 1638 fordert einen Freund der Familie, bei dem die beiden minderjährigen Mädchen (siebzehn- und achtjährig) zur Kost lebten, Dr. Stephan Marchtrenker, auf, Vormünder zu benennen. Ihr weiteres Schicksal blieb unbekannt.

Nur über den Lebensweg des Sohnes Ludwig aus erster Ehe (geb. 12. Dezember 1607 in Prag) ist die Nachwelt unterrichtet. Er hat zunächst mit der Mutter zusammen sich als Verwalter des Erbes gefühlt. So gab er 1634 das Buch seines Vaters *Traum oder nachgelassenes Werk über die Mondastronomie* heraus. Auch suchte er das Seine zu tun, um die inzwischen auf 12 694 Goldgulden aufgelaufene kaiserliche Schuld einzutreiben. Trotz persönlicher Vorstellungen hat er ebenso wenig wie sein Vater erreicht. Selbst eine Reise nach Wien blieb ohne Erfolg.

1627 hatte Ludwig in Tübingen die Magisterwürde erlangt. In Padua erwarb er die medizinische Doktorwürde. Nach einem dreijährigen Zwischenspiel in der ungarischen Stadt Ödenburg ließ er sich endgültig in Königsberg (Ostpreußen) nieder. Dort starb er am 23. September 1663 als k. polnischer und kurfürstlich brandenburgischer Hofmedikus und Altstädtischer Stadtmedikus. Zweimal war er verheiratet und hatte neun Kinder.
52 Vgl. Rudolf Meyer: «Goethe. Der Heide und der Christ». Stuttgart 1936; Rudolf Steiner: «Grundlinien einer Erkenntnistheorie der Goetheschen Weltanschauung» (1886); «Goethes Weltanschauung» (1897), Neuausgaben: Dornach.
53 Johannes Hemleben: «Biologie und Christentum». Stuttgart 1971.

ZEITTAFEL

1571	Johannes Kepler wird am 27. Dezember zu Weil der Stadt in Württemberg geboren
1574	Erkrankung an den Blattern
1576	Keplers Eltern nehmen Wohnsitz in Leonberg
1577–1578	Erste Schuljahre
1579	Umzug der Familie nach Ellmendingen bei Pforzheim
1583	Kepler besteht das «Landesexamen». Die Eltern ziehen zurück nach Leonberg
1584	16. Oktober: Aufnahme in die Klosterschule zu Adelberg
1586	Eintritt in die Klosterschule Maulbronn
1588	25. September: Kepler erlangt in Tübingen die erste akademische Würde: das Bakkalaureat
1589	17. September: Immatrikulation an der Universität Tübingen. Gleichzeitiger Eintritt in das «Tübinger Stift». Studium der Theologie (Matthias Hafenreffer) sowie der Mathematik und Astronomie (Michael Mästlin)
1590	Tod des Vaters
1591	10. August: Erlangung der philosophischen Magisterwürde
1591–1594	Weiteres Studium in Tübingen
1594	Anstellung als Professor für Mathematik an der Landschaftsschule zu Graz
1595	Erster Kalender Keplers
1596	Keplers erstes Werk erscheint in Tübingen: *Mysterium Cosmographicum* (Vorbote künftiger kosmographischer Abhandlungen über das Weltgeheimnis)
1597	27. April: Kepler heiratet Barbara Müller (1573–1611)
1598	28. September: Kurze Verbannung Keplers, im Oktober kehrt er nach Graz zurück
1600	Erste Begegnung mit Tycho Brahe in Prag
	7. August: Endgültige Verbannung aus Graz. Am 19. Oktober trifft Kepler als Flüchtling in Prag ein
1601	24. Oktober: Tycho Brahe stirbt – Kaiser Rudolf II. ernennt Kepler zum Hof-Mathematiker
1602	2. Juli: Tochter Susanna geboren
1604	*Astronomiae Pars Optica* erscheint (*Der optische Teil der Astronomie*)
	3. Dezember: Sohn Friedrich geboren
1606	Flucht vor der Pest aus Prag – *De Stella Nova in Pede Serpentarii* (*Der neue Stern im Fuß des Schlangenträgers*) erscheint
1607	12. Dezember: Sohn Ludwig geboren
1609	*Astronomia Nova* (*Neue Astronomie*) erscheint
1610	*Dissertatio cum Nuncio Sidereo* (Auseinandersetzung mit dem «Sternenboten» Galileis)
1611	3. Juli: Keplers Frau Barbara stirbt
	Dioptrice (*Lehre von der Lichtbrechung und der astronomischen Teleskopbeobachtung*) erscheint
1612	Rudolf II. stirbt. Kepler von Kaiser Matthias als Hof-Mathematiker bestätigt. Übersiedlung nach Linz. Dort Landschaftsmathematiker von Österreich ob der Enns (bis 1626)
1613	Zweite Heirat: Mit Susanne Reuttinger am 30. Oktober zu Eferding. Kepler als Sachverständiger auf dem Reichstag zu Regensburg

1615 Keplers Mutter als Hexe angeklagt
Nova Stereometria Doliorum Vinariorum (*Neue Raummeßkunst für Weinfässer*)

1617 Ruf an die Universität Bologna als Nachfolger von Giovanni Antonio Magini, von Kepler abgelehnt. Erste Reise nach Württemberg als Beistand seiner Mutter im Hexenprozeß
Ephemeriden 1. Teil

1618 Ausbruch des Dreißigjährigen Krieges – Kepler entdeckt das dritte Gesetz

1618–1621 In drei Teilen erscheint: *Epitomes Astronomiae Copernicanae* (*Grundriß der Kopernikanischen Astronomie*)

1619 *Epitomes* wird vom Vatikan in Rom verboten. Das württembergische Konsistorium schließt Kepler von der Teilnahme am lutherischen Abendmahl aus
Harmonices mundi erscheint – *De Cometis* (*Über die Kometen*)

1620–1621 Kepler reist erneut nach Württemberg, um seiner Mutter im Hexenprozeß beizustehen

1621 *Mysterium Cosmographicum* erscheint in zweiter Auflage
Höhepunkt des Hexenprozesses. Keplers Mutter wird nach vierzehn Monaten Gefängnis freigesprochen
Epitomes 2. Teil

1622 Als Hof-Mathematiker durch Ferdinand II. bestätigt – Am 13. April stirbt Keplers Mutter im 75. Lebensjahr

1624 Kepler in Wien – *Chilias Logarithmorum* (*Über Logarithmen*)

1626 Linz wird von Bauern belagert. Am 20. November verläßt Kepler unter dem Druck der Gegenreformation Linz

1626–1628 Unruhige Wanderjahre: Schwaben, Frankfurt am Main, Ulm, Regensburg, Linz und Prag

1627 Die *Rudolphinischen Tafeln* erscheinen

1628 Übersiedlung nach Sagan mit Hilfe von Wallenstein

1630 *Ephemeriden* 2. Teil erscheinen – Tochter Susanna heiratet am 12. März Keplers Gehilfen Jakob Bartsch
Am 8. Oktober reist Kepler nach Regensburg und stirbt dort am 15. November

1633 Verurteilung Galileis

1634 Es erscheint: *Somnium seu Opus posthumum de Astronomia Lunari* (*Traum oder nachgelassenes Werk über die Mondastronomie*)

1642 Galileo Galilei stirbt

1643 Isaac Newton geboren

ZEUGNISSE

Gottfried Wilhelm von Leibniz

Unvergleichlicher, dem das Schicksal diente, daß er als erster den Sterblichen künde: die Satzung der Welt, die Gewißheit der Dinge, die Gesetze der Götter.

Johann Gottfried von Herder

Zu Anfang des siebenzehnten Jahrhunderts drang Keplers Geist durch eigne Kraft ins Gesetz der Bewegung aller himmlischen Körper. Nachdem er die elliptische Bahn des Mars gefunden, wandte er diese auf alle Planeten an, setzte die Sonne aus dem Mittelpunkt concentrischer Kreise in den Brennpunkt der Ellipse und fand das schöne Gesetz, «daß der aus dem Mittelpunkt der Planeten zum Mittelpunkt der Sonne gezogene Radius-Vector der Zeiten proportionierte Flächen abschneide». Dem ganzen Newtonschen System hat das Gesetz die Pforten geöffnet. Kepler wußte und erkannte das Gesetz der Schwere, nur machte er davon die Anwendung nicht, die Newton machte. Dem Glückessohn Isaak Newton wars aufbehalten, ein Gesetz in seiner Allgemeinheit auszusprechen und anzuwenden, das, wenn man will, aus Keplers Grundsätzen folgte.

Adrastea VI, 2. 1801–03

Johann Wolfgang von Goethe

Kepler sagte: «Mein höchster Wunsch ist, den Gott, den ich im Äußern überall finde, auch innerlich, innerhalb meiner gleichermaßen gewahr zu werden.» Der edle Mann fühlte, sich nicht bewußt, daß eben in dem Augenblicke das Göttliche in ihm mit dem Göttlichen des Universums in genauester Verbindung stand.

Maximen und Reflexionen

Wenn man Keplers Lebensgeschichte mit demjenigen, was er geworden und geleistet, zusammenhält, so gerät man in ein frohes Erstaunen, indem man sich überzeugt, daß der wahre Genius alle Hindernisse überwindet. Der Anfang und das Ende seines Lebens werden durch Familienverhältnisse verkümmert, seine mittlere Zeit fällt in die unruhigste Epoche, und doch dringt sein glückliches Naturell durch. Die ernstesten Gegenstände behandelt er mit Heiterkeit und ein verwickeltes mühsames Geschäft mit Bequemlichkeit . . .

Andern sei es überlassen, seine Verdienste anzuerkennen und zu rühmen, welche außer unserem Gesichtskreise liegen; aber uns ziemt es, sein herrliches Gemüt zu bemerken, das überall auf das freudigste durchblickt. Wie verehrt er seinen Meister und Vorgesetzten Tycho!

Wie schätzt er die Verdienste dieses Mannes, der sich dem ganzen Himmel gewachsen fühlte, insofern er sich durch die Sinne fassen und durch Instrumente bezwingen ließ. Wie weiß er diesen seinen Lehrer und Vorgänger auch nach dem Tode gegen unfreundliche Angriffe zu verteidigen! Wie gründlich und anmutig beschreibt er, was an dem astronomischen Baue schon geleistet, was gegründet, was aufgeführt, was noch zu thun und zu schmücken sei! Und wie arbeitet er sein ganzes Leben unverrückt an der Vollendung!... Jedes klare Verdienst klärt ihn selbst auf; durch freie Beistimmung eilt er es sich zuzueignen. Wie gern spricht er von Kopernikus! Wie fleißig deutet er auf das einzig schöne Aperçu, was uns die Geschichte noch ganz allein erfreulich machen kann, daß die echten Menschen aller Zeiten einander voraus verkünden, auf einander hinweisen, einander vorarbeiten.

Naturwissenschaftliche Schriften

Justinus Kerner

Kepler

Arm, preisgegeben jeglicher Beschwerde,
Vom undankbaren Heimatland vertrieben,
Sah er empor von dieser kalten Erde
Und lernte recht, die warmen Sonnen lieben.
Der Erd entlehntes Licht er gern entbehrte,
War ihm die hellre Heimat doch geblieben,
Von Sonnengold sein hehres Haupt umflossen,
Stand jeder Himmel vor ihm aufgeschlossen.

Denkmale I

Wilhelm Windelband

Die moderne Naturforschung ist als empirischer Pythagoreismus geboren worden. Diese Aufgabe hatte schon Lionardo da Vinci gesehen – sie zuerst gelöst zu haben, ist der Ruhm Keplers. Das psychologische Motiv seines Forschens war die philosophische Überzeugung von der mathematischen Ordnung des Weltalls; und er bestätigte diese, indem er durch eine großartige Induktion die Gesetze der Planetenbewegung entdeckte.

Lehrbuch der Geschichte der Philosophie. 1903

Franz Hammer

Ein überaus schönes Buch ist die «Weltharmonik», vielleicht das schönste, das je ein Naturforscher über seine Welt schrieb. Träumend kann man sich darein versenken. Aber auch ein Wagnis ist sie, ein unerhört kühner Wurf, der die Geister immer wieder rütteln und aufwecken will zu neuem Wagnis, denn, so sagt Kepler: «Mangel an Wagemut ist der Tod der Philosophie; laßt uns leben und rührig sein!»

Johannes Kepler. 1943

Albert Einstein

Weder durch seine Armut noch durch das Unverständnis der maßgebenden Zeitgenossen, die den Verlauf des Keplerschen Lebens und Werkes erheblich bestimmten und die freie Entfaltung seines Könnens behinderten, ließ er sich lähmen oder entmutigen. Dabei hatte er es mit einem Gegenstande zu tun, der den Bekenner der Wahrheit auch unmittelbar gefährdete. Er gehörte jedoch zu den Wenigen, die überhaupt nicht anders können, als auf jedem Gebiete offen für ihre Überzeugungen einzustehen. Dabei war er nicht einer, der an dem Kampfe mit anderen unmittelbares Vergnügen fand, wie es etwa bei Galilei offenbar der Fall war, dessen göttliche Bosheiten noch heute den verständnisvollen Leser entzücken. Kepler war ein frommer Protestant, der aber kein Hehl daraus machte, daß er nicht alle Entscheidungen der Kirche billigte.

Princeton, N. J. 1951

Werner Heisenberg

Die Naturwissenschaften sind für Kepler ganz und gar nicht Mittel, die dem materiellen Nutzen des Menschen dienen, die ihm die Technik ermöglichen, mit deren Hilfe er sich besser in der unvollkommenen Welt einrichten kann, und die ihm den Weg des Fortschrittes eröffnen. Die Naturwissenschaften sind ihm im Gegenteil ein Mittel zu Erhebung des Geistes, ein Weg, Ruhe und Trost zu finden im Anschauen der ewigen Vollkommenheit der Schöpfung.

Eng in Zusammenhang damit steht die erstaunliche Verachtung des Empirischen. Die Erfahrung ist nur das zufällige Finden von Zusammenhängen, die auf Grund der Einsicht in die apriorischen Gründe viel zuverlässiger erfaßt werden können. Die vollkommene Übereinstimmung zwischen der Ordnung der Sinnesdinge, die Werke Gottes sind, und den mathematischen und intelligiblen Gesetzen, den Gedanken Gottes, wird zum Grundgedanken der «Harmonices Mundi». Platonische und neuplatonische Motive führen Kepler zur Auffassung, daß das Lesen des Werkes Gottes, der Natur, nichts anderes sei, als das Verhältnis der Quantitäten zu den geometrischen Gestalten zu erkennen.

Das Naturbild der heutigen Physik. 1955

BIBLIOGRAPHIE

Die «Bibliographia Kepleriana», hg. von Max Caspar, 2. Aufl. besorgt von Martha List (1968) in C. H. Beck'sche Verlagsbuchhandlung, München, ist ein ausgezeichneter Führer durch das gesamte Schrifttum von und über Johannes Kepler; für ein gründliches Studium von Leben und Werk Keplers eine unentbehrliche Hilfe. Die folgende Bibliographie ist im 1., 2. und 5. Teil ein Auszug aus dieser «Bibliographia Kepleriana», im 3. und 4. Teil ergänzt durch Neuerscheinungen.

1. *Werke Keplers in Erstausgaben (Auswahl)*

Bis zu seinem Tode veröffentlichte Johannes Kepler 84 Werke. Nach seinem Tode erschienen zwei weitere. Wir können hier nur die wichtigsten nennen.

PRODROMUS Dissertationum cosmographicarum, continens MYSTERIUM COSMOGRAPHICUM. Tubingae, excudebat Georgius Gruppenbachius. Anno M.D.XCVI. [1596]

Gründtlicher BERICHT von einem ungewohnlichen NEWEN STERN. Gedruckt in der alten Stadt Prag, in Schumanns Druckerey [1604]

De Stella Nova in Pede Serpentarii, et . . . Trigono igneo. Pragae, ex Officina calcographica Pauli Sessii. Anno M.DC.VI. [1606]

ASTRONOMIA NOVA, seu Physica Coelestis, tradita commentariis de Motibus Stellae Martis. – Anno aerae Dionysianae MDCIX. [1609]

ANTWORT AUFF RÖSLINI DISCURS von heutiger zeit beschaffenheit. – Gedruckt zu Prag bey Pauln Sesse. Im Jahr 1609

TERTIUS INTERVENIENS, das ist, Warnung an etliche Theologos Medicos und Philosophos. – Gedruckt zu Franckfurt am Mayn. In Verlegung Godtfriedt Tampachs. Im Jahre 1610

DISSERTATIO CUM NUNCIO SIDEREO nuper ad mortales misso a Galilaeo Galilaeo. – Pragae, Typis Danielis Sedesani. Anno Domini M.DC.X. [1610]

NARRATIO de observatis quatuor Jouis satellitibus. – Francofurti, sumptibus Zachariae Palthenii D. – M.DC.XI. [1611]

STRENA seu de Nive Sexangula. – Francofurti ad Moenum, apud Godefridum Tampach. Anno M.DC.XI. [1611]

DIOPTRICE seu Demonstratio eorum quae visiu et visibilibus propter Conspicilla non ita pridem inventa accidunt. – Augustae Vindelicorum, typis Davidis Franci. M.DC.XI. [1611]

BERICHT VOM GEBURTSJAHR CHRISTI. – Getruckt zu Straßburg, bey Carolo Kieffer. In verlegung Pauli Ledertz. Im Jahr 1613

NOVA STEREOMETRIA DOLIORUM VINARIORUM. Lincii. Excudebat Johannes Plancus, sumptibus Authoris. Anno M.DC.XV. [1615]

Außzug auß der Vralten MESSEKUNST ARCHIMEDIS. – Vom Authore verlegt, vnnd gedruckt zu Lintz durch Hansen Blancken. Anno M.DC.XVI. [1616]

EPHEMERIDES NOVAE Motuum Coelestium, ab anno vulgaris aerae M.DC.XVII. [1617] – Lincij Austriae, sumptibus Authoris. Excudebat Johannes Plancus

VNTERRICHT VOM H. SACRAMENT des Leibs vnd Bluts Jesu Christi vnsers Erlösers [1617]

EPITOME ASTRONOMIAE COPERNICANAE, Lib. I., II., III., de Doctrina

Sphaerica. – Lentiis ad Danubium, excudebat Johannes Plancus. Anno M.DC.XVIII. [1618]

HARMONICES MUNDI LIBRI V. – Lincii Austriae, sumptibus Godofredi Tampachii Bibl. Francof. excudebat Joannes Plancus. Anno M.DC.XIX. [1619]

DE COMETIS LIBELLI TRES. – Augustae Vindelicorum, Typis Andreae Apergeri, sumptibus Sebastiani Mylii Bibliopolae Augustani, M.DC.XIX. [1619]

EPITOMES ASTRONOMIAE COPERNICANAE Lib. IV., Physica Coelestis. – Lentiis ad Danubium, excudebat Johannes Plancus. Anno M.DC.XX. [1620]

EPITOMES ASTRONOMIAE COPERNICANAE Lib. V., VI., VII., Doctrina Theorica. – Francofurti, sumptibus Godefridi Tampachij. Anno M. DC. XXI. [1621]

PRODROMUS Dissertationum cosmographicarum, continens MYSTERIUM COSMOGRAPHICUM. – Francofurti, Recusus Typis Erasmi Kempferi, sumptibus Godefridi Tampachii. Anno M.DC.XXI. [1621]. Zweite, erweiterte Ausgabe

GLAUBENSBEKANDTNUS vnd Ableinung allerhand desthalben entstandener vngütlichen Nachreden. – M.DC.XXIII. [1623]

CHILIAS LOGARITHMORUM. – Marpurgi, Excusa Typis Casparis Chemlini. MDCXXIV. [1624]

Tychonis Brahei Dani HYPERASPISTES, adversus Scipionis Claramontii Anti-Tychonem. – Francofurti, Apud Godefridum Tampachium. M.DC. XXV. [1625]

TABULAE RUDOLPHINAE. – Ulmae, Anno M.DC.XXVII. [1627]

Tomi primi EPHEMERIDUM Pars II. ... Pars III. Impressae Sagani Silesiorum, in Typographeio Ducali, sumptibus Authoris. Anno M.DC. XXX. [1630]

SOMNIUM seu Opus posthumum de Astronomia Lunari. Divulgatum a M. Ludovico Kepplero Filio. Impressum partim Sagani Silesiorum, absolutum Francofurti, sumptibus haeredum authoris. Anno M.DC.XXXIV. [1634]

2. Spätere Ausgaben

Johannis Kepleri Astronomi opera omnia. Ed. Ch. Frisch. 8 Vol. Francofurti a. M. et Erlangae. Heyder et Zimmer. MDCCCLVIII–MDCCCLXXI. 8° [Die erste Gesamtausgabe der Werke Keplers.]

Die Astrologie des Johannes Kepler. Eine Auswahl aus seinen Schriften. Eingel. und hg. von Heinz Arthur Strauss und Sigrid Strauss-Kloebe. München–Berlin 1926

Johannes Kepler: Neue Astronomie. Übers. und eingel. von Max Caspar. München–Berlin 1929

Johannes Kepler, Gesammelte Werke. Hg. im Auftrag der Deutschen Forschungsgemeinschaft und der Bayer. Akademie der Wissenschaften. München 1937 f.

Bd. I. Mysterium Cosmographicum. De Stella Nova. Mit einem Bild Keplers (Stich) und Einleitung in die Gesamtausgabe. Hg. von Max Caspar. 1938

Bd. II. Astronomiae Pars Optica. Hg. von Max Caspar. 1937

Bd. III. Astronomia Nova. Hg. von Max Caspar. 1937

Bd. IV. Kleinere Schriften 1602–1611. Dioptrice. Hg. von Max Caspar und Franz Hammer. 1941

Bd. V. Chronologische Schriften. Hg. von Franz Hammer. 1953
Bd. VI. Harmonice Mundi. Hg. von Max Caspar. 1940
Bd. VII. Epitome Astronomiae Copernicanae. Hg. von Max Caspar. 1953
Bd. VIII. Mysterium Cosmographicum ed. altera. De Cometis. Hyperaspistes. Hg. von Franz Hammer. 1963
Bd. IX. Mathematische Schriften. Hg. von Franz Hammer. 1960
Bd. X. Tabulae Rudolphinae [Ausgabe von Franz Hammer in Vorbereitung.]
Bd. XI. Kalender und Ephemeriden. Kleinere Schriften 1621–1629 [In Vorbereitung.]
Bd. XII. Theologische Schriften. Übersetzungen. Somnium [In Vorbereitung.]
Bd. XIII. Briefe 1590–1599. Mit Einleitung in den Briefwechsel. Hg. von Max Caspar. 1945
Bd. XIV. Briefe 1599–1603. Hg. von Max Caspar. 1949
Bd. XV. Briefe 1604–1607. Mit Faksimile eines Kepler-Briefes. Hg. von Max Caspar. 1951
Bd. XVI. Briefe 1607–1611. Hg. von Max Caspar. 1954
Bd. XVII. Briefe 1612–1620. Hg. von Max Caspar. 1955
Bd. XVIII. Briefe 1620–1630. Nachtrag. Mit einem Bild Keplers (Ölgemälde). Hg. von Max Caspar. 1959
Bd. XIX. Dokumente [In Vorbereitung.]
Bd. XX–XXII. Entwürfe aus dem Nachlaß. Register [In Vorbereitung.]

Johannes Kepler: Weltharmonik. Übers. und eingel. von Max Caspar. München–Berlin 1939 – Neuauflage 1967

Johannes Kepler: Strena. Neujahrsgabe oder vom sechseckigen Schnee. Übertr. von Fritz Rossmann. Berlin 1943

Johannes Kepler: Der Mensch und die Sterne. Aus seinen Werken und Briefen. Hg. von Martha List. Wiesbaden 1953 (= Insel-B. 576)

Johannes Kepler: Unterredung mit dem Sternenboten. Hg. von Werner Lehmann. Übersetzung und Nachwort von Franz Hammer. Hamburg 1964

Jaritz, Kurt: Utopischer Mond. Mondreisen aus drei Jahrtausenden. Graz–Wien–Köln 1965 [Darin S. 79–116: deutsche Übersetzung des Somnium (ohne Noten).]

Johannes Kepler: Selbstzeugnisse. Ausgew. und eingel. von Franz Hammer. Übers. von Esther Hammer. Erläutert von Friedrich Seck. Stuttgart 1971

3. Schriften über Kepler (alphabetisch)

Baumgardt, Carola: Johannes Kepler. Life and letters. With an introduction by Albert Einstein. New York 1951 – Deutsche Übersetzung von Helmut Minkowski: Johannes Kepler. Leben und Briefe. Wiesbaden 1953

Bindel, Ernst: Harmonien im Reich der Geometrie in Anlehnung an Keplers «Weltharmonik». Stuttgart 1964

Bindel, Ernst: Johannes Kepler. Stuttgart 1971

Caspar, Max: Johannes Kepler. Biographie. Stuttgart 1948 – 3. Aufl. 1958

Caspar, Max: Kopernikus und Kepler. Zwei Vorträge. München–Berlin 1943

Closs, Otto: Kepler und Newton und das Problem der Gravitation in der Kantischen, Schellingschen und Hegelschen Naturphilosophie. Heidelberg 1908

DEINHARDT, JOH. HEINR.: Kleine Schriften. Hg. von H. SCHMIDT. Leipzig 1869 [Darin Kap. VII: Keplers Leben und Charakter; Kap. VIII: Kepler als der wahre Reformator der Astronomie.]
DEISSMANN, ADOLF: Johann Kepler und die Bibel. Ein Beitrag zur Geschichte der Schriftautorität. Marburg 1894
DYCK, WALTHER VON: Wiedergefundene Drucke und Handschriften von Johannes Kepler. In: Forschungen und Fortschritte, Jg. 9/1933
EUCKEN, RUDOLF: Kepler als Philosoph. Philos. Monatshefte, Bd. XIV/1878
FISCHER-COLBRIE, ARTHUR: Johannes Kepler. Dramatisches Gedicht mit einem Vorspiel und acht Bildern. Linz 1960
FÖRSTER, WILHELM: Johann Kepler und die Harmonie der Sphären. Vortrag geh. im Wissenschaftl. Verein zu Berlin. Berlin 1862. Abgedruckt in Försters Sammlung wissenschaftl. Vorträge. Berlin 1876
FÖRSTER, WILHELM: Johann Kepler. Eine Festrede, gehalten in der Aula der Universität Berlin. Berlin 1872
FREIESLEBEN, HANS CHRISTIAN: Kepler als Forscher. Darmstadt 1970
FUCHS, H.: Johannes Kepler und der protestantische Hexenprozeß gegen seine Mutter. In: Wissenschaft und Fortschritt, Jg. 8/1958
GERLACH, WALTHER: Johannes Kepler der Ethiker der Naturforschung. In: Die Naturwissenschaften, Jg. 48, H. 4, 1961
GERLACH, WALTHER, und MARTHA LIST: Johannes Kepler. Leben und Werk. München 1966
GÜNTHER, LUDWIG: Kepler und die Theologie. Gießen 1905
GÜNTHER, SIEGMUND: Kepler, Galilei. Berlin 1896 (= Geisteshelden. Bd. 22)
HAMMER, FRANZ: Kepler als Optiker. In: Forschungen und Fortschritte, Jg. 15, Nr. 26, 1939
HAMMER, FRANZ: Johannes Kepler. Ein Bild seines Lebens und Wirkens. Stuttgart 1943
HAMMER, FRANZ: Kosmologische Spekulationen einst und jetzt. In: Dank an Robert Boehringer. Stuttgart 1948
HAMMER, FRANZ: Keplers Rudolphinische Tafeln in China. In: Naturwiss. Rundschau 5 (1950)
HAMMER, FRANZ: Johannes Keplers Ulmer Jahr. Die Rudolphinischen Tafeln und der Ulmer Kessel. In: Ulm und Oberschwaben Bd. 34/1955
HAMMER, FRANZ, und GEORG TRUMP: Weil der Stadt und Johannes Kepler. Jahresgabe 1960 der Schriftgießerei C. E. Weber in Stuttgart. Stuttgart 1960
Die Harmonie der Welt. Zur Uraufführung der Oper von Paul Hindemith am 11. August 1957 in München. Mit Beiträgen von FRANZ HAMMER: Im Schatten der Erde. Johannes Keplers Lebensweg; RICARDA HUCH: Kepler und Wallenstein; WALTHER GERLACH: Harmonice Mundi; Johannes Kepler: Schlußhymnus aus dem «Mysterium Cosmographicum» (lat., dt. von MAX CASPAR); WALTER GERSTENBERG: Hindemiths Oper «Die Harmonie der Welt»
HINDEMITH, PAUL: Die Harmonie der Welt. Oper in 5 Aufzügen [Textbuch]. Mainz 1957
KEPPLER, GUSTAV: Familiengeschichte Keppler. Görlitz. Bd. 1: 1931; Bd. 2: 1930
LIST, MARTHA: Über eine astronomische Zusammenarbeit zu Beginn des 17. Jahrhunderts. In: Naturwiss. Rundschau 5 (1950)
MÜLLER, ADOLF: Johann Kepler, der Gesetzgeber der neueren Astronomie. Ein Lebensbild. Freiburg i. B. 1903
REITLINGER, EDMUND, C. W. NEUMANN und C. GRUNER: Johannes Kepler. Vier Bücher in drei Theilen. 1. Theil: Stuttgart 1868

Reuschle, C. G.: Kepler, der Württemberger. Einladungsschrift zu der Feier des Geburtsfestes S. M. des Königs Wilhelm von Württemberg im K. Gymnasium zu Stuttgart. Stuttgart 1841

Reuschle, C. G.: Kepler und die Astronomie. Frankfurt a. M. 1871

Rossnagel, Paul: Johannes Keplers Weltbild und Erdenwandel. Leipzig 1930 (= Reclams Universalbibliothek. 7082)

Rossnagel, Paul: Johannes Kepler, der große Sternweise. Stuttgart 1955

Schmidt, Justus Heinrich: Johann Kepler. Sein Leben in Bildern und eigenen Berichten. Linz 1970

Schubert, Gotthilf Heinrich: Ansichten von der Nachtseite der Naturwissenschaft. Dresden 1818 [Darin über Kepler S. 164 f.]

Schult, Artur: Christlich-rosenkreuzerische Astrosophie und arabisch-mittelalterliche Astrologie. Joh. Kepler zu seinem 300. Todestag. In: Die Christengemeinschaft, Jg. 7, H. 9, 1930

Schuster, Leopold: Johann Kepler und die großen kirchlichen Streitfragen seiner Zeit. Graz 1888

Sedlmeyer, Karl Adam: Der Dillinger Professor Albertus Curtius S. J. und Johann Kepler. In: Jahrbuch des Histor. Vereins Dillingen a. D. Jg. 52/1950

Stöckl, Karl: Johannes Kepler, der Kaiserliche Mathematiker. Kepler-Festschrift, I. Teil. Zur Erinnerung an seinen Todestag vor 300 Jahren im Auftrage des Naturwissenschaftlichen Vereins zu Regensburg und des Historischen Vereins der Oberpfalz und von Regensburg herausgegeben [Das Werk enthält die bei der Kepler-Feier in Regensburg am 24. u. 25. September 1930 gehaltenen Reden von: W. v. Dyck, M. Caspar, H. Nestler, K. Stöckl, J. Bauschinger, F. Goldenberger und Aufsätze von: A. Schmetzer, H. Huber, W. Boll, P. Schulz, E. Anding, H. Bögehold, J. Engert, L. Hartmann, P. Jaschnoff, A. Korn, J. Plassmann, M. v. Rohr, W. Scherer, J. Schick, H. Steinmetz, K. Stöckl, H. Wieleitner, A. Wilkens, M. Wolf, E. Zinner.]

Strohmeyer, O. H.: Johannes Kepler und die Bienenwabe. In: Jahrbuch der Freien Akademie der Künste in Hamburg, Jg. 1954

Thoma, Albrecht: Kepler, die Konkordienformel und die Bibel. In: Protest. Monatshefte, Jg. 18/1914

Volk, Otto: Über Keplers Manuskripte und ihren Ankauf durch Katharina II. In: Jahrbuch für Geschichte der UdSSR und der volksdemokratischen Länder EUROPAS, Bd. 7. Berlin 1963

Wachsmuth, Günther: Keplers Weltgeheimnis. Drama in 12 Bildern. Dornach–Basel 1946

4. Allgemeines (alphabetisch)

Baschwitz, Kurt: Hexen und Hexenprozesse. Die Geschichte eines Massenwahns und seiner Bekämpfung. München 1963 [S. 252–260: Johann Keplers Mutter.]

Bindel, Ernst: Pythagoras. Stuttgart 1962 [Darin über Kepler Kap. 16 und 17.]

Brod, Max: Tycho Brahes Weg zu Gott. Leipzig 1915

Cassirer, Ernst: Das Erkenntnisproblem in der Philosophie und Wissenschaft der neueren Zeit. Bd. 1. Berlin 1911 [Über Kepler S. 328–377.]

Dannemann, Friedrich: Die Naturwissenschaften in ihrer Entwicklung und in ihrem Zusammenhang. 2 Bd. Leipzig 1910–1911

Diwald, Hellmut: Wallenstein. München 1969

GERLACH, WALTHER: Kepler und Galilei. Vortrag. Stuttgart 1963 (Schriften der Kepler-Gesellschaft)
HEISENBERG, WERNER: Das Naturbild der heutigen Physik. Hamburg 1955 (= rowohlts deutsche enzyklopädie. 8) [Über Kepler: S. 49–59.]
HEISENBERG, WERNER: Der Teil und das Ganze. München 1969
HEMLEBEN, JOHANNES: Rudolf Steiner. Reinbek 1963 (= rowohlts monographien. 79)
HEMLEBEN, JOHANNES: Ernst Haeckel. Reinbek 1964 (= rowohlts monographien. 99)
HEMLEBEN, JOHANNES: Pierre Teilhard de Chardin. Reinbek 1966 (= rowohlts monographien. 116)
HEMLEBEN, JOHANNES: Charles Darwin. Reinbek 1968 (= rowohlts monographien. 137)
HEMLEBEN, JOHANNES: Galileo Galilei. Reinbek 1969 (= rowohlts monographien. 156)
HEMLEBEN, JOHANNES: Biologie und Christentum. Stuttgart 1971
JORDAN, PASCUAL: Der Naturwissenschaftler vor der religiösen Frage. Oldenburg–Hamburg 1963
KOESTLER, ARTHUR: The sleepwalkers. New York 1959 – Deutsche Übersetzung von W. M. TREICHLINGER: Die Nachtwandler. Bern–Stuttgart–Wien 1959 [Teil IV: Die Wasserscheide – Johannes Kepler. S. 225–428.]
NORLIND, WILHELM: Tycho Brahe. Lund 1970
PROWE, LEOPOLD: Nicolaus Coppernicus. 3 Bd. Berlin 1883
RANKE, LEOPOLD VON: Geschichte Wallensteins. Köln o. J.
SCHWARZENFELD, GERTRUDE VON: Rudolf II. München 1961
THIEL, RUDOLF: Und es ward Licht. Hamburg 1956
WACHSMUTH, GÜNTHER: Erde und Mensch, ihre Bildekräfte, Rhythmen und Lebensprozesse. 1. Bd. Kreuzlingen–Zürich 1945
WACHSMUTH, GÜNTHER: Kosmische Aspekte von Geburt und Tod. Dornach 1956
WEIZSÄCKER, CARL FRIEDRICH VON: Zum Weltbild der Physik. Stuttgart 1957
WEIZSÄCKER, CARL FRIEDRICH VON: Kopernikus, Kepler, Galilei. Zur Entstehung der neuzeitlichen Naturwissenschaft. In: Einsichten. Gerhard Krüger zum 60. Geburtstag. Frankfurt a. M. 1962
WEIZSÄCKER, CARL FRIEDRICH VON: Die Einheit der Natur. München 1971
WOHLWILL, EMIL: Galilei und sein Kampf für die Copernicanische Lehre. 2 Bde. Hamburg–Leipzig 1909

5. Kepler-Gedenkstätten

Die Einweihung der Arbeitsstätte der Kepler-Kommission der Bayer. Akademie der Wissenschaften im Keplerhause zu Weil der Stadt am 21. Mai 1960. München 1960
GERLACH, WALTHER, und MARTHA LIST: Johannes Kepler. Führer durch sein Geburtshaus in Weil der Stadt. Weil der Stadt 1966 (Schriften der Kepler-Gesellschaft)
BOLL, WALTHER: Das Kepler-Gedächtnishaus. Regensburg 1962 (= Führer durch die Sammlungen der Stadt Regensburg. 10)

NAMENREGISTER

Die kursiv gesetzten Zahlen bezeichnen die Abbildungen

Agrippa von Nettesheim, Heinrich Cornelius 92
Alba, Fernando Álvarez de Toledo, Duque de 12
Amberger, Paulus 37
Andreä, Jakob 19, 23
Aristoteles 21, 96

Bartsch, Jakob 127, 129, *126*
Basold, Christoph 134; Anm. 34
Baumgardt, Carola 12
Beethoven, Ludwig van 12
Bernegger, Matthias 77, 114, 123, 127 f, 131; Anm. 38, 41, 46, 47; *128*
Bernegger, Frau 127
Billig, Hillebrand 132
Binder, Georg 102, 105
Binder, Margarete 102, 128
Brahe, Tycho 7, 31, 35, 42 f, 47 f, 55, 56 f, 84 f, 111, 112, 114, 118, 124; Anm. 20; *44*
Brandanus, Abt von Clonfert 134
Brenz, Johannes 19
Broll, Jacob 9
Bruno, Giordano (Filippo Bruno) 7, 31, 43

Calvin, Johann (Jean Cauvin) 19, 41, 117
Campanella, Tommaso 31
Caspar, Max 53, 77, 112, 140; Anm. 4, 28
Christian IV., König von Dänemark und Norwegen 56, 120
Crusius, Martin 21
Curtius, Albert 117
Cusanus, Nicolaus s. u. Nikolaus von Kues

Dionysius Areopagita Anm. 29
Diwald, Hellmut Anm. 48
Doldinger, Friedrich 88; Anm. 27

Eberhard I. im Bart, Graf von Württemberg 17 f
Ehem, Philipp 35, 103
Ehem, Regina 35, 47, 103
Eriugena, Johannes Scotus 29
Ernst II., Graf von Mansfeld 120
Euklid 60

Faber, Sebastian 101, 102; Anm. 31
Ferdinand, Erzherzog s. u. Ferdinand II., Kaiser
Ferdinand II., Kaiser 40, 43, 44, 107, 114, 116, 120, 122, 133, *116*
Fluctibus, Robertus de (Robert Fludd) 89
Friedrich II., König von Dänemark und Norwegen 56
Fuchs, Leonhart 18

Galilei, Galileo 7, 30, 31, 35, 37 f, 40, 55, 59, 61 f, 65 f, 72, 88, 94, 99, 137, *39*
Gerlach, Walther Anm. 14, 39
Goethe, Johann Wolfgang von 8, 29, 36, 53, 94, 137
Grabes von Nechern 123
Gregor XIII., Papst 77
Guldemann, Katharina s. u. Katharina Kepler
Guldemann, Melchior 11
Guldin, Paul 9, 107, 117, 118; Anm. 7, 35, 42
Gustav II. Adolf, König von Schweden 129

Hafenreffer, Matthias 21, 83 f; Anm. 26; *22*
Hammer, Esther 140
Hammer, Franz 134, 140
Heckenast, Gustav 73
Hegel, Georg Wilhelm Friedrich 17
Heisenberg, Werner Anm. 6
Helmhard 79
Hemleben, Johannes Anm. 2, 53
Herder, Johann Gottfried von 23, 36
Hiller, Martin 129
Hitzler, Daniel 81, 83, *82*
Hoffmann, Baron 43
Hohenburg, Johann Georg Herwart von 41, 53, 81, 96
Hölderlin, Friedrich 17
Horst, Gregor 109, *110*
Hus, Jan 117
Huygens, Christiaan 62

Jakob I., König von England und Schottland 56, 89, *91*
Jesus 133
Johann Friedrich, Herzog von Württemberg 103, 104; Anm. 31
Jordan, Pascual Anm. 6
Julian, Kaiser (Flavius Claudius Julianus) 100; Anm. 29

Kant, Immanuel 28, 29 f
Karl, Erzherzog 25
Kepler, Anna Maria 129; Anm. 51
Kepler, Barbara 33 f, 42, 46, 47, 49, 68, 73, 79, 103, *33*
Kepler, Catharina 11
Kepler, Christoph 102 f, 128
Kepler, Cordula Anm. 51
Kepler, Fridmar Anm. 51
Kepler, Friedrich 68
Kepler, Heinrich (Vater) 10 f, 41
Kepler, Heinrich (Bruder) 12
Kepler, Heinrich (Sohn) 35
Kepler, Hildebert Anm. 51
Kepler, Johann Friedrich 13
Kepler, Katharina 11 f, 41, 101 f, 137
Kepler, Ludwig 128, 134; Anm. 51
Kepler, Margarete s. u. Margarete Binder
Kepler, Sebald (Großvater) 10 f
Kepler, Sebald (Bruder) 13
Kepler, Susanna (1. Tochter) 35
Kepler, Susanna (2. Tochter) 103, 127
Kepler, Susanne 78 f, 103, 129; Anm. 51
Kolumbus, Christoph (Cristoforo Colombo) 114
Kopernikus, Nikolaus 7, 19, 21, 27, 31 f, 42, 43, 50, 53 f, 56, 58, 62, *30*

Leopold, Erzherzog 68 f
List, Martha Anm. 39
Longomontanus (Christian Severin) 48
Lorenz, Regina s. u. Regina Ehem
Lorenz, Wolf 103
Ludwig, Landgraf von Hessen 109
Lukian von Samosata 134
Luther, Martin 41, 42, 82 f, 117, *85*

Marchtrenker, Stephan Anm. 51
Maria Stuart, Königin von Schottland 56, 89
Mästlin, Michael 20, 23, 27, 31, 32, 35, 37, 38, 40, 41, 42, 43 f, 46, 47 f, 71, 101, *20*
Matthias, Kaiser 68 f, 74, 77, 89, 107, 114, 116, 119, 133, *72*
Melanchthon, Philipp (Philipp Schwarzerd) 18, 19, 42, 117
Meyer, Rudolf Anm. 52
Müller von Mühleck, Barbara s. u. Barbara Kepler
Müller, Catharina s. u. Catharina Kepler
Müller von Mühleck, Jobst 34, 49
Müller, Philipp 130 f
Müller, Veit 134

Newton, Sir Isaac 8, 35, 59, 62, 84, 88, 137
Nikolaus von Kues (Nikolaus Chrypffs) 21, 92
Novalis (Georg Philipp Friedrich von Hardenberg) 88, *89*

Oberkamp, Johann von 125
Osiander, Lukas 77

Paracelsus, Philippus Aureolus Theophrastus (Theophrastus Bombastus von Hohenheim) 50
Patrick (Magonus Sucatus Patricius) 134
Pauritsch, Frau 73
Penzbach, Georg von 134
Philipp II., Landgraf von Hessen 114, 134
Plank, Johannes 107, 108
Platon 38, 60, 89 f, 93, 100; Anm. 29
Plutarch 21, 134
Proklos 90 f, 93, 100; Anm. 29
Prowe, Leopold Anm. 1
Ptolemäus, Claudius (Klaudios Ptolemaios) 27, 32, 89, 96
Pythagoras 21, 28 f, 38, 60, 89 f, 93

Ranke, Leopold von 129; Anm. 48
Regiomontanus (Johannes Müller) 114
Reinbold, Ursula 102
Reinhold, Erasmus 19, 134
Reuchlin, Johannes 18
Reuttinger, Barbara 78
Reuttinger, Johann 78
Reuttinger, Susanne s. u. Susanne Kepler

Rheticus (Georg Joachim von Lauchen) 19, 32, 37
Rollenhagen, Gabriel 134
Rudolf II., Kaiser 7, 42, 47, 50, 56, 68 f, 73, 114, 116, 118, 133, *52*

Saur, Jonas 110
Scaliger, Julius Caesar (Bordone della Scala) 21
Schelling, Friedrich Wilhelm Joseph von 17
Schickart, Wilhelm 107, 110, Anm. 36; *108*
Schmidt, Justus Heinrich 140
Schneider, Reinhold 134
Schnepf, Erhard 19
Schöner, Johannes 19
Sebaldus 10
Seck, Friedrich 140
Seni, Giovanni Baptista 122
Sethon, Alexander 69
Seussius, Johannes 57
Sonnabenter, Lorenz 40
Stadius, Georg 23
Starhemberg, Elisabeth Freifrau von 78
Steiner, Rudolf 53; Anm. 30, 52
Stifter, Adalbert 73
Stöffler, Johann 19
Strahlendorf, Peter Heinrich Freiherr von 78

Taxis, Gerard von 120
Tengnagel, Elisabeth 50
Tengnagel, Franz 50, 55, 60
Tilly, Johann Tserclaes, Graf von 120
Timaios 90
Torricelli, Evangelista 94
Tritheim von Sponheim (Johannes Trithenius) 92

Vergil (Publius Vergilius Maro) 25
Verne, Jules 137
Volkendorf, Freiherr von 134, 137

Wackher von Wackhenfels, Johannes Matthäus 67, 134, *66*
Wallenstein, Albrecht Wenzel Eusebius von, Herzog von Friedland, Herzog von Mecklenburg und Fürst von Sagan 25, 93, 118, 119 f, 129, 130, *119*
Weizsäcker, Carl Friedrich Freiherr von 9; Anm. 5, 6
Wyclif, John 117

Zwingli, Ulrich 19, 41, 82 f, 117

ÜBER DEN AUTOR

JOHANNES HEMLEBEN, Jahrgang 1899. Studium der Naturwissenschaften. 1922 Promotion mit einer Arbeit über pflanzliche Genetik. Nach einigen Jahren wissenschaftlicher Tätigkeit: Wechsel in die Theologie und Eintritt in die anthroposophisch orientierte Christengemeinschaft. Berufsverbot unter dem Nazi-Regime. Seit 1949 von Hamburg aus Lenker der Christengemeinschaft. Bemühung um eine Synthese von Religion, Naturwissenschaft und Philosophie. Vortragsreisen in Mitteleuropa und Skandinavien. Erste Publikation: «Symbole der Schöpfung», 1930. Seit 1963 für «rowohlts monographien»: Rudolf Steiner, Ernst Haeckel, Pierre Teilhard de Chardin, Charles Darwin und Galileo Galilei.

QUELLENNACHWEIS DER ABBILDUNGEN

Landesbildstelle Württemberg, Stuttgart: 8, 10, 15 oben, 16, 20, 108 / Bildarchiv der Österreichischen Nationalbibliothek, Wien: 44, 66, 91, 119, 124/125, 128 / Schiller-Nationalmuseum, Marbach a. N.: 19 / Kunsthistorisches Museum, Wien: 72, 116 / Stadtmuseum, Graz: 24 unten / Museum der Stadt Regensburg: 64, 79, 136 / Benediktinerstift Kremsmünster: 6 / Stadtmuseum Linz: 36, 46, 74/75, 80, 82, 106, 109, 111, 112, 115 / Uffizien, Florenz: 39 / Zenger Zdenek, Prag: 45 / Verlag der Kepler-Gesellschaft, Weil der Stadt: 54 / Stadtarchiv, Ulm: 110 / Fondation Saint-Thomas, Straßburg: 139 / Aus: Sternkalender 1971/72, Dornbach: 59 / Aus: Ludwig Günther, Kepler und die Theologie (Gießen 1905): 26 / Aus: Kepler-Festschrift (Regensburg 1930): 33, 126, 132 / Slg. Hemleben: 24 oben, 48/49, 52, 67, 76, 113, 130/131, 135, 138 / Privatfotos: 17, 51, 70/71 / Rowohlt Archiv: 30, 85, 89 / Aus: Heinz Arthur Strauss, Die Astrologie des Johannes Kepler (München und Berlin 1926): 121 / Slg. Hammer: 86, 87, 92, 98 / Universität Tübingen: 18, 22 / Aus: Reitlinger Gruner (Stuttgart 1868): 13, 15 unten